7大市場定律×8種決策效應×9條誘導法則
將心理學用於商場實戰
人人都有合適的應對方案

消費者微反應

洞察性格掌握成交契機

從心理破解到實戰成交，
全面解鎖顧客的行為密碼
不賣話術、不靠運氣，用科學與情感打造你的銷售王牌力

林奕辰 著

目 錄

第一章
突破心理束縛，
釋放你的銷售潛能！

在銷售的世界裡，第一道障礙從來不是產品，而是自己內心的限制。許多銷售人員在面對客戶時，總是被拒絕的陰影、身分的不對等感與缺乏信心的聲音困住了行動。而事實是：只有先相信自己，客戶才會相信你。

本章將帶你從心理層面出發，學習如何建立自信、克服與高層溝通的恐懼，並以誠意與專業建立真正平等的對話關係。同時也會深入探討推銷自己、理解品牌價值、轉化挫折為機會等關鍵心法，讓你從害怕拒絕、急於成交的焦慮中脫身，轉而成為能夠深入顧客心理、穩健累積影響力的高效銷售者。

銷售不只是一場關於話術與技巧的戰鬥，更是一場與自己和顧客的心理對話。現在，就從釋放你的潛能開始！

學會與高層對話——用專業與誠意建立平等溝通

在業務推廣與銷售的過程中，許多人在面對企業高層或影響力人士時，會因為對方的地位與權威感到壓力，甚至影響自身表現。然而，真正成功的業務員懂得擺脫仰視的心態，並以平等的態度、自信的語言與專業的知識，建立有效的溝通關係。

承認恐懼，釋放壓力

在面對大人物時，感到緊張是很正常的。學會接受自己的情緒，而不是試圖壓抑，反而能讓自己更快地回到穩定狀態。例如，當你發現自己在會議中因緊張而無法流暢表達時，可以坦率地說：「這次會議對我來說非常重要，所以我可能有點緊張，但我希望能夠清楚地向您介紹我們的方案。」這樣的坦誠不僅讓對方感受到你的真誠，也能減輕自身壓力，使對話變得更加自然。

將大人物視為普通人，建立平等心態

不管對方地位多高，他們仍然是人，有需求、有煩惱，也有個人喜好。把對方視為一個平等的對話者，而不是權威或評判者，能夠幫助自己保持冷靜。例如，有一位臺灣的業務員在面對知名企業老闆時，提醒自己：「他也需要解決問題，而我的產品或服務可以幫助他。」這樣的心理調整，使他能夠自然地進行溝通，最終成功爭取到合作機會。

展現專業，而非過度謙遜

有些業務員在與高層溝通時，為了顯得謙虛，容易過度貶低自己或產品，例如：「我們的產品還有一些需要改進的地方……」這樣的說法可能讓客戶產生質疑，甚至降低信心。真正的謙虛不是自我貶低，而是能夠在自信中保持開放的態度。你可以這樣表達：「我們的產品已在市場上獲得良好回饋，並且我們不斷升級以滿足客戶需求。」這樣不僅展現自信，也傳遞出專業形象，讓客戶對你的服務更有信任感。

保持冷靜，應對挑戰與質疑

高層管理者通常會提出犀利的問題或質疑你的提案，這時候情緒管理變得格外重要。面對這種情況，深呼吸、放慢語速、理性回應，可以有效讓自己穩住陣腳。例如，當客戶質疑產品價格時，不要急於辯解，而是先表示理解：「我明白您的考量，價格確實是重要因素。不過，我們的產品提供了……（強調價值），這是我們與其他品牌的差異所在。」這樣的回應展現你的穩重與專業，讓對方對你產生更多信任。

轉換心態，建立積極的銷售態度

與其把自己視為「求對方購買」的一方，不如將自己視為解決問題的專家。當你認為自己的產品或服務能夠真正幫助客戶時，你的自信與態度自然會顯現出來。例如，當你面對高層時，不是單純地「推銷」，而是詢問：「貴公司目前最關心的問題是什麼？我們的產品是否能為您提供解決方案？」這樣的對話方式，能夠將焦點從「銷售」轉移到「合作」，從而讓客戶更容易接受你的建議。

不再仰視，而是並肩對話

成功的銷售人員之所以能夠與高層建立長期合作關係，並不在於他們擁有多強的話術，而是在於他們懂得用專業與誠意建立平等對話。當你能夠擺脫恐懼，冷靜應對問題，以自信且理性的方式與對方交流，你就能夠贏得對方的尊重，進而提升自己的業務成果。

記住，每一場對話，不論對象是誰，都是一次建立信任與價值的機會。只要你願意調整心態、用心溝通，就能讓自己從仰視客戶，轉變為與客戶並肩前行的合作夥伴。

推銷自己，打下銷售成功的基礎

在銷售的世界中，有一個共同的真理，那就是：在推銷任何商品之前，首先要學會推銷自己。推銷自己的能力，是每一位成功銷售人員必須掌握的基本技能。只有當客戶認可並信任你這個人時，才可能更容易接受你的商品與服務。

推銷自己從儀表開始

俗話說，「人靠衣裝馬靠鞍」，對銷售人員來說，穿著不僅是為了美觀，更是一種專業形象的展現。雖然不需要過於華麗，但保持整潔和大方的外觀會讓客戶對你的專業度有基本的信任感。穿著得體能夠讓你在人群中脫穎而出，給人留下深刻且正面的第一印象。服裝應該適合你的年齡和職位，讓客戶感覺舒適且自然，從而為接下來的銷售過程鋪平道路。

初次見面的影響力

銷售通常涉及陌生拜訪，這是業務員與潛在客戶建立關係的重要時刻。在這樣的場合中，第一印象至關重要。當你進入客戶視線的那一刻，你的言行舉止將立即影響他們對你的評價。保持自信、穩重且自然的態度，能夠為後續的交談鋪平道路。語氣要平和而專業，避免過度焦慮或過度推銷，讓客戶感受到你的真誠與可靠。

演講技巧與零距離溝通

銷售過程中，許多業務員需要進行簡短的演講或介紹。這時，語氣的把控至關重要。保持平和、友好的語調，並注意語言簡潔有力，能夠快速抓住客戶的注意力。在演講的初期，尤其要抓住客戶的心理需求，給出具體的亮點或解決方案，這樣能讓客戶對你產生興趣。不要讓自己的講話過於枯燥，適時加入一些生動的例子或者客戶可能感興趣的內容，讓你的演講更具吸引力。

尊重競爭對手，避免貶低他人

在推銷過程中，避免貶低同行的行為是非常重要的。即使你的競爭對手可能在某些方面不如你的產品，貶低他們只會讓你顯得缺乏素養。很多客戶反感業務員過多的自我誇大以及對競爭者的批評，這樣反而會讓他們對你的專業能力產生懷疑。專注於展示你的產品的優勢，而非對比與貶低競爭者，這會讓你顯得更具自信和專業。

持續學習，提升知識儲備

銷售不僅是與人打交道，還需要對市場動態和行業知識有不斷的更新。了解心理學、行銷策略，或是一些與銷售行業相關的技術和知識，能夠幫助你在與客戶溝通時更具說服力。學會聆聽客戶的需求，並用專業的知識解答他們的疑慮，能夠讓客戶覺得你不僅僅是推銷產品，更是提供專業的解決方案。

培養人格魅力，塑造正面形象

最後，推銷自己最重要的部分是培養自己的人格魅力。人際關係中的真誠和信任，往往比任何推銷技巧更具吸引力。你必須真誠地對待每一個客戶，並以正直、友好的態度與他們互動。這不僅能讓你在職業生涯中走得更遠，還能建立起穩固的客群。無論是小細節還是大方的舉止，這些都能反映出你的人格魅力，吸引更多人與你合作。

從陌生人到信賴夥伴：推銷自己，建立長期合作關係

推銷自己不僅是職業成功的基礎，它是每一位銷售人員必須具備的能力。從儀表到語言，從專業知識到人格魅力，

每一個細節都可能成為你成功的關鍵。當你學會了如何推銷自己，你將能夠更輕鬆地說服客戶，將產品推向市場，最終實現銷售的成功。

突破心理限制，釋放你的銷售潛能

在銷售領域中，常常會遇到一些挑戰和困難，這讓許多銷售人員的潛能無法得到充分發揮。就像那隻跳蚤一樣，曾經被玻璃罩限制，最終無法跳出預期的高度，直到一個意外的事件讓它發揮出它的真正潛能。

跳蚤的啟示

有一位大學教授對跳蚤的跳躍能力產生了興趣。為了研究跳蚤的驚人能力，教授將一隻跳蚤放進一個 1 公尺高的玻璃罩中。教授發現，跳蚤在罩子裡不斷跳躍，但始終無法突破這個高度。後來，教授逐漸減小玻璃罩的高度，結果跳蚤逐漸習慣了這個限制，甚至在最終的 20 公分高度下，也不再跳躍。然而，當一場危機來臨，跳蚤在逃離火焰的瞬間驚人地跳到了 1 萬倍的高度。這一事件揭示了一個深刻的道理：當我們突破心理的限制，潛能便能夠得到釋放。

銷售人員的心理禁錮

許多銷售人員就像那隻跳蚤一樣，心理上被一個「無形的玻璃罩」所限制，經常因為恐懼或挫折而停止努力。面對陌生的客戶或不理想的業績，他們往往會感到迷茫，甚至放棄一個本來有可能成功的機會。例如，有些銷售人員在面對挑戰時，可能會選擇避免再接觸客戶或逃避未完成的銷售任務，這種情況就像跳蚤放棄跳躍一樣，完全沒有發揮出潛在的能力。

激發潛能的方式

重新檢視自己的能力

每一位銷售人員都應該定期審視自己是否具備了基本的銷售技巧與知識，並找出自己的優勢與不足。這樣不僅能增強自信心，也能幫助自己在實際的銷售過程中更靈活地應對不同情況。

不怕挫折，勇往直前

確保在面對挑戰時不會被困難擊倒，銷售人員應該學會勇敢地面對每一次的挫折。每一次的失敗都能成為改進和成長的契機，真正的成功往往來自於不斷的嘗試和堅持。

保持謙虛，追求突破

成就越來越大的銷售人員並不會因為小小的成功而驕傲自滿。他們持續尋求突破，並對每一次的挑戰充滿熱情。這種進取心能夠激發更大的潛能，並幫助他們克服更艱難的障礙。

學會從錯誤中學習

遇到挫折時，銷售人員應該保持自我反思的態度。不要將責任歸咎於外部環境或客戶，而是應該檢討自己，找到需要改進的地方。這樣，未來的銷售過程會變得更加順利和高效。

樹立成功的形象

銷售人員要在心中建立起成功的形象，並時刻努力朝著這個目標邁進。這樣的心態能夠激發更多的潛力，使他們在工作中保持積極向上的態度，並且能夠持續提升自我。

戰勝內心恐懼，讓銷售挑戰成為成功的助力

銷售是一個充滿挑戰的領域，但正是這些挑戰促使我們發掘更多的潛力。就像跳蚤最終突破了自己的限制一樣，銷售人員也需要學會突破心理上的束縛，釋放出內在的潛力。勇敢面對挑戰，持續學習並提升自己，你將發現自己無法想像的潛能，並在競爭激烈的市場中脫穎而出。

被拒絕也能成交？關鍵在於耐心與策略！

在銷售過程中，許多銷售人員面對困難時，會認為一次見面是唯一的機會，因而過度強調自己的推銷技巧，導致客戶反感。事實上，這種心態往往是心理錯覺，過分的急迫反而會導致失敗。

了解客戶心理

銷售人員如果對客戶的心理有深刻的理解，能夠適時運用自己的話術和行為，不僅能有效地推銷產品，還能避免客戶產生負面情緒。例如，當面對一個繁忙的客戶時，銷售人員應該避免過度強求，反而要學會適可而止，讓客戶感受到自己並不過於迫切，而是充滿自信且有品味的推銷者。這樣的銷售人員更能留給客戶深刻的印象，逐步拉近彼此的距離。

重複暗示的策略

這就像美國戴曼博士對殘障兒童的教學方法一樣，他使用了重複印象的策略來加強學生的學習。銷售人員同樣可以利用這種心理學技巧。即使你是第一次與客戶接觸，透過多次的拜訪和細膩的關懷，客戶會漸漸熟悉你和你的產品，對你產生好感。因此，銷售人員需要學會利用這種「若即若離」的關係，讓客戶在感受到關心的同時不覺得被過度打擾。

銷售的「即」與「離」

正如在追求關係時，「纏人過度」往往會適得其反，銷售人員同樣需要找到平衡點。當客戶顯示出對產品有興趣時，銷售人員應該投入時間和精力詳細解釋，但如果客戶表現出不願意聽的態度，則應該適時抽身，讓客戶感受到空間與尊重。這樣的方式可以讓客戶在心中產生對銷售人員的良好印象，進而提高成交的可能性。

克服拒絕，保持耐心

即使客戶明確表示不考慮你的產品，你也不應該立刻放棄。優秀的銷售人員往往在對方拒絕後仍會保持耐心，持續提供有價值的資訊和解決方案，直到客戶再次對產品感興趣。在這過程中，持續的努力與堅持將展示銷售人員的韌性和專業，並為他們贏得最終的成功。

「纏得恰到好處」：如何運用行銷心理學讓客戶願意買單？

銷售過程中的「死纏爛打」並非單純的無理糾纏，而是運用心理策略與行銷技巧，適時展示自信並尊重客戶需求。學會在「即」與「離」之間找到平衡，保持耐心和熱情，這樣不僅能促進銷售的成功，還能在長期的商業關係中贏得客戶的信任與支持。

品牌的價值不僅是產品，而是一種生活態度

品牌是銷售成功的基石，擁有強大品牌效應的產品往往能夠更容易獲得客戶的信任與認可。例如，在推銷可口可樂與不知名品牌的飲料時，顧客往往會選擇前者，因為它具有高知名度與市場信譽。銷售人員不僅要善用產品品牌的影響力，更應該將品牌視為自己的資產，用心維護並推廣，讓品牌成為自己最大的競爭優勢。

品牌效應與客戶信任

顧客在購買產品時，除了關注品質與價格，更重視品牌所帶來的價值與信任感。品牌的美譽度越高，顧客對產品的忠誠度就越強，甚至會主動向他人推薦，形成「口碑行銷」。這種「磁性誘惑」會讓品牌在市場上產生更強的吸引力，進而促成品牌的良性循環，持續擴大市場占有率。

品牌的成長過程

品牌的建立並非一蹴可幾，而是經過長時間的努力與經營，就像培養一個孩子一樣，需要不斷地呵護與投資。品牌

的每一次交易、每一次客戶體驗，都像孩子的成長階段，銷售人員需要用心灌溉，才能讓品牌在市場上站穩腳步。如果缺乏持續的努力與品質控管，品牌可能會迅速衰敗，甚至被市場淘汰。

隨著品牌的成長，企業需要不斷提升品牌的文化內涵與價值觀，讓品牌不僅僅是一個產品名稱，更能夠代表某種生活態度或理念。這一過程不僅依賴企業的策略規劃，更仰賴第一線的銷售人員，他們的言行舉止、產品介紹方式，甚至服務態度，都在影響著品牌形象。

品牌影響力的擴展

當品牌逐步獲得市場認可，其影響力也會隨之擴大。這不僅是產品競爭力的展現，更是銷售人員努力的成果。優秀的銷售人員會將品牌視為自己的事業，透過專業的產品知識與良好的服務態度，讓客戶對品牌產生高度信賴，進而促成長期合作關係。

當品牌發展到一定規模，它將不再僅僅是一個單獨的產品，而會逐步形成一個品牌家族，擴展至不同市場領域。例如，許多成功的品牌會衍生出多元產品線，滿足不同客戶的需求，這與家庭的成長模式相似，透過不斷擴展與深化，使品牌在市場中保持競爭優勢。

品牌成功＝銷售成功？建立市場競爭力的關鍵策略

銷售人員的成功與品牌的發展密不可分。將品牌視為自己的孩子，用心培養、持續優化，並透過市場行銷與客戶服務來強化品牌形象，能夠讓產品在市場上獲得更大的競爭力。同時，隨著品牌影響力的提升，銷售人員的業績與獎金也將隨之增長。品牌的成功不僅帶來市場報酬，更能讓企業與銷售團隊在競爭激烈的市場環境中站穩腳步，持續發展壯大。

沒有熱情，就沒有銷售！掌握影響顧客的關鍵心法

在銷售行業中，熱情是一種強大的感染力，能夠影響客戶的購買決策。沒有顧客願意與一個態度冷漠、表情僵硬的業務員交流，更不會在這樣的服務態度下購買產品。事實證明，銷售成功的關鍵不僅在於專業知識，更在於能否以熱情打動顧客，讓顧客感受到尊重與關懷。

熱情的影響力

根據研究，產品知識在銷售成功的案例中僅占 5%，而熱情的態度卻能占到 95%。熱情不僅能提升銷售業績，還能改善客戶的購物體驗，使其更願意與業務員互動。例如，一位百貨大樓的知名營業人員張先生，因其熱情服務而被顧客親切稱為「一團火」。即便面對心情不佳的顧客，他依然以微笑和耐心應對，最終成功贏得客戶的信任，並促成交易。

熱情的力量

熱情能夠縮短人際距離，使銷售過程變得更加順利。一位業務員曾表示：「沒有熱情就沒有銷售。」這句話充分說明

了熱情對於銷售成功的影響。當業務員以真誠的態度面對客戶，並適時提供協助，客戶更容易產生購買意願。此外，熱情不僅影響個人的業績，也能提升企業的整體形象，讓顧客願意再次光顧，甚至主動推薦給親友。

如何在銷售中展現熱情

保持積極的態度

只有內心充滿熱情的人，才能將這份熱情傳遞給客戶。當業務員展現出積極的態度，客戶會受到感染，進而提升購買意願。

對產品充滿信心

一名優秀的銷售人員應該對自己的產品有充分的了解與信心。如果連銷售人員自己都不確定產品的價值，顧客又如何能夠放心購買？因此，熟悉產品特性，並以熱忱的態度介紹，是影響顧客決策的重要因素。

掌握熱情的分寸

雖然熱情是銷售的關鍵，但過猶不及。過度熱情可能讓顧客感到壓力，甚至產生戒心。適度的熱情應該是自然流露，而非刻意表現，才能真正打動客戶。

熱情銷售的力量：讓猶豫的顧客變成忠實客戶

熱情是銷售的靈魂，能夠讓冷淡的顧客產生興趣，使猶豫的顧客做出決策，並讓已購買的顧客感到滿意。熱情的銷售人員不僅能夠促成交易，還能與客戶建立長期的信任關係。正如一句諺語所說：「只有劃著的火柴才能點燃蠟燭」，業務員必須先燃燒自己的熱情，才能點燃顧客的購買欲望。記住，顧客只會買「熱情」的單，沒有熱情，一切都「免談」！

越是害怕被客戶拒絕，你就越會被拒絕

為何業務員容易被拒絕？

許多業務人員在銷售過程中最害怕的就是被客戶拒絕。然而，值得注意的是，越是害怕被拒絕，往往越容易遭遇拒絕。這背後的關鍵因素在於心理障礙，當業務人員對自己缺乏信心，或總是預期失敗時，這種消極的心理狀態會影響與客戶的互動，使得客戶感受到不確定性，進而增加拒絕的可能性。

因此，想要成為優秀的業務人員，必須學會正視拒絕，並且克服內心的心理障礙，才能提升銷售成功率。

常見的心理障礙與克服方式

1. 害怕被拒絕，導致心理受挫

許多業務人員認為被客戶拒絕是一種失敗，進而感到沮喪。然而，拒絕是銷售的一部分，並不代表你的努力沒有價值。相反，每一次的拒絕都能讓你更了解市場需求，幫助你改進銷售策略。成功與失敗本來就是銷售過程中相輔相成的部分，唯有保持坦然的心態，才能在拒絕中成長。

2. 過度擔心自己是為了利益而欺騙客戶

有些業務人員過度擔心自己的銷售行為會讓客戶覺得被強迫或欺騙，進而產生內疚感。事實上，銷售的本質在於滿足客戶需求，而不是單方面的利潤導向。將焦點放在客戶的需求上，讓客戶了解產品如何解決他們的問題，才能建立長期信任，而非只關心成交本身。

3. 提出交易時，感覺像在向客戶乞討

銷售是一種雙向互惠的交易，客戶透過購買獲得價值，業務員則透過銷售獲取報酬。然而，部分業務人員卻把銷售行為視為一種低人一等的行為，害怕主動提出交易。事實上，銷售人員應該以自信且專業的態度，向客戶展示產品的價值，而非懷疑自己是否「打擾」了客戶。

4. 擔心拒絕影響主管評價，選擇拖延

有些業務員因害怕拒絕影響主管對自己的看法，選擇拖延交易。但拖延並不會帶來成功，反而可能錯失更多機會。與其擔心失敗後的評價，不如積極調整策略，從每一次的銷售經驗中學習，讓自己在未來的交易中更加遊刃有餘。

5. 認為競爭對手的產品更符合客戶需求

這種心態反映出對自身產品的不信任。當業務人員不相信自己的產品時，客戶自然也會感受到這份不確定性，進而選擇其他品牌。因此，業務人員必須深入了解自家產品的優勢，並學會將產品特色與客戶需求相結合，以展現其價值。

6. 擔心產品不夠完美，客戶會發現缺點

沒有所謂「完美」的產品，每個產品都有其優勢與限制。關鍵在於，業務人員是否能夠針對客戶的需求，強調產品的核心價值。如果產品確實有某些限制，與其避而不談，不如坦誠溝通，並提供相應的解決方案，這樣反而更能獲得客戶的信任。

7. 過度關注交易細節，導致患得患失

有些業務人員在交易過程中特別在意客戶的每一句話，過度解讀對方的情緒變化，甚至因此變得過於謹慎，導致交易受阻。然而，過於焦慮反而容易影響客戶的決策，讓他們感受到壓力。因此，業務人員應該保持冷靜，專注於為客戶創造價值，而非一味擔心是否會失去訂單。

建立自信，突破拒絕恐懼

銷售成功的關鍵在於建立自信、克服心理障礙，並保持積極的態度。在銷售過程中，避免過度焦慮被拒絕，應該時刻準備好面對挑戰，這樣才能增加成功的機會。記住，越是害怕被拒絕，你就越會被拒絕，要以積極的心態去面對每一次銷售挑戰，迎接成功。

銷售不是比速度，而是比深度：學會沉穩累積經驗

在銷售行業中，很多人總是覺得要快速達到成功，然而，成功的銷售過程並不是一蹴而就的。最關鍵的一點是要有積極的心態，但同時不可以心急。銷售是一個漸進的過程，成功不會馬上出現。要想成為一名優秀的銷售人員，首先必須接受系統的培訓，並將這些學到的知識應用到實踐中。雖然培訓的時間較短，但真正的挑戰是在後續的實踐過程中，需要經歷長時間的學習和累積。

慢慢累積，堅持下去

在銷售的初期，很多業務員面臨的挑戰是心理不成熟和技能不熟練。這些初期的困難往往會讓銷售人員感到挫敗，但這是正常的過程。銷售人員應該堅持下去，持續改進自己。「羅馬城不是一天建成的」，成功的銷售也需要時間和不斷的努力。

如果你想走得更遠，你必須保持積極的心態，對自己的未來充滿信心。無論是在面對同事的轉行或是市場的不確定

性，始終保持積極向上的態度，才能在競爭激烈的環境中脫穎而出。

避免心急，先做好準備

銷售並不是短期就能成功的事情，它需要時間去累積經驗。若沒有足夠的準備或對產品的深入了解，匆忙推銷會讓客戶感到不信任。要知道，只有對產品有深入理解的銷售人員才能在推銷過程中自信地回答客戶問題。如果銷售人員急於推銷卻沒有充分了解產品，客戶會迅速察覺，並且可能對產品失去興趣。

這就像是一場比武打擂臺，沒有充分準備的參賽者會迅速被打敗。因此，銷售人員應該在充分準備後再上場，這樣才能在與客戶的交談中贏得信任並成功銷售。

適當的心態與耐心

揠苗助長

在中國古代寓言《拔苗助長》中，一位農夫因為心急，希望莊稼快點長大，竟然將幼苗一棵棵拔高。結果，這些苗不但沒有長得更快，反而枯死了，讓農夫後悔不已。

這個故事對銷售人員來說也是一個寶貴的提醒：急於促成交易，可能會適得其反。

急功近利的年輕業務員

小張是一位剛入行的業務員，對自己的銷售業績充滿期待。他拜訪了一位有潛在需求的大客戶，但在對話過程中，他沒有耐心傾聽對方的需求，而是急著介紹產品的優勢，不停地催促客戶趕快下單。

客戶原本對產品有興趣，但看到小張如此急躁，反而開始猶豫。他擔心業務員只關心業績，而不是真正想幫助他解決問題。結果，小張不僅沒有達成交易，還讓客戶對公司產生了不信任感，最後選擇與競爭對手合作。

銷售的啟示

這個案例告訴我們，銷售並非短跑比賽，而是一場耐力賽。成功的業務員應該像細心栽培莊稼一樣，耐心傾聽客戶需求，循序漸進地建立信任。當客戶準備好時，他們自然會做出購買決定。過於心急，只會像拔苗助長的農夫一樣，讓一切努力付諸東流。

真正的高手，懂得等待，也懂得引導。

控制情緒，理性面對挑戰

在銷售過程中，當客戶表現出拒絕或排斥的情緒時，不應該急於強求成交，而是應該冷靜分析客戶的需求。當銷售人員過於心急，強行施加壓力，往往會讓客戶感到不適，甚至放棄交易。

銷售人員需要學會在壓力中保持冷靜，讓客戶覺得他們仍然擁有選擇權，並給他們足夠的空間來做出最終決策。這樣，客戶更有可能做出理智的選擇，而非因為壓力而反感。

成功銷售的關鍵心態：穩得住，才賺得到

銷售並不是一蹴而就的過程，成功需要時間的累積與不斷的努力。保持積極的心態，在積極與心急之間找到平衡，是成為銷售高手的關鍵。學會在推銷中保持耐心，冷靜地分析客戶需求，並避免過於心急。最終，銷售人員會因為穩步前進而取得成功。

第二章
看懂顧客性格，
掌控購買心理

銷售的關鍵，不只是介紹產品，而是讀懂人心。不同的顧客，背後有著截然不同的思維模式與決策邏輯。有人堅信自己最懂，有人猶豫不決，有人斤斤計較，也有人只是出於一時好奇。若無法迅速辨識顧客性格，就容易陷入無效溝通、價格拉鋸，甚至錯失成交良機。

本章將帶你進入顧客心理地圖，針對九種常見的購買者類型——從自信強勢到沉默內斂，從情緒化反應到理性精明——逐一拆解他們的溝通偏好、決策模式與潛藏需求。你將學會如何調整對應策略、掌握對話節奏，在看似棘手的互動中找到破口，引導顧客邁出成交的那一步。

懂產品只是入門，懂顧客才是關鍵。讓每一次對話不再碰運氣，而是一次有策略、有意圖的心理布局。

自以為是型的顧客分析

自以為是型的顧客是那些總是認為自己對市場或產品有著豐富了解的顧客。這些顧客對於銷售人員的介紹往往持懷疑態度，並且在銷售過程中不斷打斷銷售員的話語，表現出強烈的自信。他們經常會說：「這些我早就知道了。」這種顧客通常誇大自己的知識和經驗，但他們內心其實知道，自己所掌握的知識並不全面，畢竟銷售人員受過專業訓練，他們了解產品的各個層面。

特徵分析

1. 自信但未必擁有全面的知識

這類顧客往往自視過高，認為自己對所選產品或服務有充分的了解，甚至認為自己比專業的銷售人員知道得更多。他們會貢獻自己的見解並且主動打斷銷售人員的介紹，覺得自己不需要更多的解釋或細節。

2. 喜歡控制談話節奏

自以為是型顧客常常希望主導對話。他們對銷售人員提供的資訊並不感興趣，甚至會認為自己的話比銷售人員的更具價值。他們的表現欲強，並且會在談話中頻繁地強調自己的知識。

3. 明知自己不完全了解，但希望維持「知情」的形象

儘管這類顧客的知識面可能有限，他們仍然希望在他人面前顯示自己對市場或產品的了解。即便他們知道自己對某些細節一知半解，他們也會自信地認為自己比其他人更有經驗。

銷售策略

面對這類顧客，銷售人員需要採取謹慎和巧妙的策略，並避免與顧客正面對抗或過度推銷。以下是一些有效的應對方法：

1. 留下適當的空間

不要直接與顧客的自信知識對抗。相反，銷售人員可以選擇不完全揭示所有細節，而是稍微保留一些資訊，讓顧客有機會自行探索。這樣顧客會覺得他們還需要更多了解，從而對銷售員的專業性產生信任。

例如，在介紹完商品後，銷售人員可以這樣說：

「我相信你已經對這款產品有了初步了解，我也不想打擾你太多，你可以自行考慮，如果有任何問題，隨時聯絡我。」

這樣做的好處在於，顧客會感覺到自己的知識被尊重，同時也會開始思考更多未被討論的細節。

2. 以反問激發他們的好奇心

適當的時候，可以透過反問激發顧客的好奇心，讓他們重新思考。這樣不僅能讓他們感覺到自己能夠對決策負責，還能促使他們進一步思考自己的選擇。

例如：

「這款產品的優勢我簡單介紹過了，我想您應該對它有一定了解，那麼，您需要多少呢？」

這樣的問法可以巧妙地引導顧客做出選擇，並且會讓他們認為這是一個由自己做出的決定。

3. 保持自信與專業

即使顧客顯示出強烈的自信，銷售人員依然要保持冷靜並且展現出自己的專業性。即便顧客經常插話或打斷，銷售人員也應該有條不紊地繼續介紹產品的核心價值。專業的態度會讓顧客漸漸信服。

4. 引導他們尋找未被注意到的優勢

有時候，顧客會忽略某些對他們來說至關重要的產品優勢。此時，可以適當地引導顧客發現這些細節，進一步強化他們對產品的興趣。例如，提醒顧客：

「您對這款產品了解得很多，不過它還有一個功能，我相信您可能還沒注意到。」

這樣做能夠讓顧客意識到，雖然他們的知識很豐富，但仍然有一些專業的地方是他們未曾發覺的。

別和顧客爭辯了！引導他自己看見產品的價值

面對自以為是型的顧客，銷售人員應該運用謹慎、巧妙的策略，避免與顧客產生對立，讓顧客在尊重的氛圍中做出購買決策。透過適當施壓和引導顧客思考未被注意到的細節，可以促使顧客進一步認識產品價值，從而達成交易。

猶豫不決型的顧客分析

猶豫不決型的顧客通常表現出外表平和、態度從容的一面，看似容易接近和討論。然而，當深入了解後，會發現他們在面對購買決策時，往往顯得猶豫不決，難以做出選擇。這類顧客的最大特徵是優柔寡斷，對於需要經濟付出的選擇，尤其顯得遲疑不決。面對各種選擇，他們難以集中注意力，也不擅長快速做出決策。

特徵分析

1. 外表冷靜，內心卻優柔寡斷

這類顧客在表面上看似冷靜、理智，然而當他們需要做出選擇時，往往表現得遲鈍而猶豫不決。他們可能會反覆思考、衡量，對各種選項進行多次權衡，這樣的過程往往拖延了購買決策的進程。

2. 對於購買決策感到壓力

由於購買行為涉及到金錢的付出，這類顧客常常會對做出決定產生焦慮和不安。他們擔心自己做出的選擇會錯過更好的機會，或是在價格、品質等方面做出錯誤判斷，導致未來後悔。

3. 注意力分散，決策能力較弱

猶豫不決型顧客的注意力往往無法集中在單一問題上，可能會關注過多的細節或過度考慮未來的後果。這使得他們在面對選擇時，容易陷入過度分析的困境，無法快速而果斷地做出決定。

銷售策略

面對猶豫不決型顧客，銷售人員需要展現自信，並引導顧客快速做出決策。以下是一些有效的銷售策略：

1. 展現自信並傳遞正面情緒

猶豫不決型的顧客需要銷售人員的支持和鼓勵。銷售人員首先需要表現出自信和確信，並將這種信任感傳達給顧客。這樣做能夠讓顧客感受到信任，減少他們在決策過程中的焦慮。例如：

「我相信這是您最佳的選擇，它不僅符合您的需求，而且在長期使用中也能為您帶來更多價值。」

2. 善用簡單而直接的選項

這類顧客容易因為選擇過多而陷入困境，銷售人員應該避免提供過於複雜的選擇，而是集中介紹少數幾個選項，讓顧客不至於感到過於迷茫。可以利用有限選擇來幫助顧客做決策，並引導他們選擇最適合的方案。例如：

「我們這裡有兩款非常適合您的產品，您更喜歡 A 款還是 B 款呢？」

3. 強調決策的輕鬆性與可逆性

猶豫不決型顧客有時會擔心做出錯誤選擇，因此，銷售人員可以強調決策的輕鬆性和可逆性。讓顧客知道，即便他們做出了選擇，也可以在未來進行調整，減少顧客的壓力。例如：

「我們有提供 30 天的試用期，如果您不滿意，隨時可以退換。」

4. 引導顧客思考問題的核心

當顧客開始猶豫不決時，銷售人員應該引導顧客回到問題的核心，集中注意力討論他們的核心需求。避免讓顧客在不必要的細節上糾結，而是專注於他們最關心的功能或利益。例如：

「您最看重的是產品的耐用性，對吧？這款產品在市場上評價非常好，並且已經成功解決了很多顧客的需求。」

5. 善用時間限制，激發緊迫感

為了打破顧客的猶豫，銷售人員可以營造適當的緊迫感，讓顧客知道如果長時間拖延，可能會錯失當前的優惠或機會。例如：

「今天的促銷活動結束後，價格將會回升。如果您有意向，最好能趁這次機會。」

告別優柔寡斷，掌握猶豫型顧客的成交心理術

面對猶豫不決型的顧客，銷售人員需要展現自信、簡化選擇、強調決策的輕鬆性，同時幫助顧客回到核心問題上。透過建立信任、營造緊迫感並提供適當的引導，銷售人員能夠有效幫助顧客快速做出決策，最終促成交易。

如何應對斤斤計較型顧客——掌握談判主導權，維護你的利潤

斤斤計較型顧客，顧名思義，他們非常善於討價還價，並且總是能以各種理由和手段拖延交易的達成。這類顧客通常會在交易過程中不斷試探銷售人員的底線，透過對價格的過度關注來觀察銷售人員的反應。他們的目的是為了獲得更好的價格，而非對產品或服務本身存在實質性的異議。這樣的顧客往往以「貪小便宜」而著稱，透過不斷討價還價來爭取更多利益。

特徵分析

1. 善於討價還價

斤斤計較型的顧客通常具有極高的議價技巧，能夠從細微處尋找討價還價的空間，並且透過各種理由來延遲交易的決策。他們可能會以「這不太符合預算」或「我看到其他地方有更便宜的價格」等理由來進行反駁和拖延。

2. 並非對商品有實質異議

這類顧客對商品本身通常沒有太多異議，他們討價還價的根本原因並非對產品或服務的品質、功能或需求產生疑慮，而是希望透過價格的調整來獲得更多的利益。因此，他們的心態是「貪小便宜」，不願意支付市場標準的價格。

3. 試探銷售人員的底線

斤斤計較型顧客最常見的策略是透過不斷降低期望的價格來測試銷售人員的反應。若銷售人員過於心急或經驗不足，容易在其施壓下輕易讓步，從而損失利益。因此，這類顧客常常會以一種「遊戲」心態來面對交易過程，挑戰銷售人員的堅定性。

銷售策略

面對斤斤計較型顧客，銷售人員需要保持冷靜，並巧妙地使用一些策略來促使交易順利進行，避免被顧客的討價還價所影響。以下是幾種有效的應對策略：

1. 創造緊迫感，促使快速決策

斤斤計較型顧客通常會在價格上反覆推敲，因此銷售人員需要營造出一種「緊迫感」，讓顧客明白，若不立即做出決定，將會錯失更好的機會。可以使用以下話術：

「這款商品現在庫存有限，剩餘不多，錯過今天的優惠，可能就沒有這麼好的價格了。」

「如果您今天不決定，可能其他顧客會先下單，剩下的數量不多了。」

這樣的策略能讓顧客感受到價格不會永遠這麼優惠，從而促使他們做出快速決策。

2. 強調產品的實惠性

斤斤計較型顧客對價格敏感，銷售人員可以強調產品的實惠性，讓顧客明白這筆交易對他們來說是物有所值的。例如：

「這款產品的 CP 值非常高，與市場上同類型的產品相比，這個價格已經非常優惠。」

「這款商品的品質堅固耐用，未來幾年內您根本不需要再換新品，從長期來看會節省很多錢。」

透過這些話術，銷售人員可以讓顧客意識到，雖然價格較高，但在長期使用中，該產品實際上會帶來更大的價值。

3. 控制價格談判，保持底線

在面對斤斤計較型顧客時，銷售人員應保持冷靜，不輕易讓步。如果顧客在價格上提出過低的要求，銷售人員可以在適當的時候表達自己的立場：

「這個價格是經過精心核算的，我們已經提供了非常優惠的價格，對您來說，這是一次很有價值的交易。」

「我了解您的需求，但這個價格已經是我們能提供的最佳價格，進一步讓步會影響我們的產品品質。」

這樣能夠清晰地表達出銷售人員的底線，讓顧客明白，這筆交易的條件已經非常好，若繼續討價還價，將無法達成交易。

4. 提供附加價值，減少顧客的價格焦慮

除了價格外，顧客往往還關心是否能獲得更多的附加價值。銷售人員可以透過提供額外服務或優惠來增加顧客的滿意度，從而減少他們對價格的焦慮：

「除了這款產品的優惠價格，我們還可以提供免費的送貨服務，這樣您不僅省了運費，也能輕鬆收貨。」

「如果您今天下單，我們還可以額外提供一年的延長保修服務，讓您無後顧之憂。」

這樣的附加價值能夠有效轉移顧客的注意力，減少他們對價格的強烈關注，最終促使交易的達成。

5. 緩解顧客的疑慮，促使決策

斤斤計較型顧客在談判過程中，往往會表達出一些疑慮和顧慮，這時銷售人員需要及時給予解答，消除他們的顧

慮。透過合理的解釋，可以讓顧客感到更安心，從而促使他們快速下決定：

「我們的產品經過多次測試，品質完全有保障，並且我們提供 30 天無理由退貨服務。」

「這款產品在行業內有良好的口碑，許多顧客都反映它的使用體驗非常好。」

巧妙對應預算類型顧客

斤斤計較型顧客往往在價格上反覆討價還價，這時銷售人員需要運用一些策略來控制交易節奏，並引導顧客做出快速決策。透過創造緊迫感、強調產品價值、保持談判底線、提供附加價值以及解答顧客疑慮，銷售人員能夠有效打破顧客的價格焦慮，促使交易順利完成。

回應抱怨型顧客——從情緒發洩到理性溝通

喜歡抱怨型的顧客，通常對周圍的服務、商品或社會現象有很多不滿，並會在與行銷人員的接觸中無端發洩情緒。這些顧客不僅僅表達對某些問題的抱怨，還會將過往的積怨一股腦地發洩到陌生的行銷人員身上，往往不分青紅皂白，並可能提出許多無理或不實的指責。儘管他們的態度可能顯得十分消極和挑剔，但從顧客的角度來看，這種發洩往往是他們情緒積壓的結果。因此，對於這類顧客，行銷人員需要具備一定的耐心和理解，並學會巧妙應對。

特徵分析

1. 喜歡發泄不滿

這類顧客通常情緒壓抑，將自己對生活中各種問題的不滿，轉移到與他們接觸的行銷人員身上。他們可能對服務態度不滿、對產品品質提出質疑，或對過去的購物經歷心生不快，並藉機發泄。從表面看，他們似乎在無理取鬧，但實際上這些情緒來自內心的積壓。

2. 言辭激烈，情緒化

抱怨型顧客常常表現出情緒化的一面，語言直接且激烈。這種顧客可能在提到某些產品或服務時，將不滿表達得非常強烈，甚至會對銷售人員進行人身攻擊或抱怨不止。這種情況對銷售人員來說，既是挑戰，也是機會。

3. 從顧客角度看，抱怨有其合理性

儘管他們的語氣和方式可能顯得過激，但從顧客的角度來看，這些抱怨其實是他們內心情緒的釋放。對於這類顧客來說，過去的不愉快經歷和遭遇的問題，常常是他們對現狀不滿的根源。因此，理解這些情緒的來龍去脈，並適當回應，是銷售人員成功的關鍵。

銷售策略

面對喜歡抱怨型顧客，銷售人員需要具備耐心和同理心。以下是一些有效的應對策略：

1. 以理解和同情化解情緒

對於這類顧客，最有效的方式是表現出對他們情緒的理解和同情。當顧客表達不滿時，銷售人員應該保持冷靜，耐心聆聽，並給予顧客發洩情緒的空間。例如：

「我能理解您的感受，聽到您遇到這些問題，真是讓人很遺憾。」

「看來您確實遇到了不愉快的經歷，我很抱歉讓您有這樣的感覺。」

這樣的回應不僅能平息顧客的情緒，還能顯示出銷售人員的專業態度，讓顧客感受到尊重。

2. 找出抱怨的根本原因，提供有效解決方案

抱怨型顧客的情緒往往源自於過去的不滿或現實中的困境。銷售人員應該仔細分析顧客的抱怨，並找出問題的根源。當顧客發洩情緒後，可以引導他們集中於具體問題，並提供可行的解決方案。例如：

「我了解您的不滿，讓我為您詳細解釋一下我們產品的特點，並看看我們能提供哪些幫助。」

「關於您提到的問題，我們有這樣的補償方案，讓我來解釋如何幫助您。」

透過針對性地解決顧客的實際問題，銷售人員可以幫助顧客冷靜下來，並提升顧客對產品的信任度。

3. 保持冷靜，避免情緒對抗

在與這類顧客交談時，銷售人員應保持冷靜，避免被顧客的情緒影響而陷入情緒對抗。即便顧客的語氣激烈，也要

避免與顧客發生衝突，並始終保持專業和耐心。例如：

「我明白這些事情讓您感到不滿，但請相信我們會竭盡全力解決這些問題。」

「我會將您的回饋反映給我們的團隊，並確保這樣的問題不會再次發生。」

這樣的回應能夠展現出銷售人員的專業素養，同時也能夠逐步舒緩顧客的不滿情緒。

4. 提供額外價值，打破顧客的負面情緒

在顧客抱怨過程中，銷售人員可以考慮提供額外的價值，讓顧客感受到更多的關懷。例如：

「為了讓您滿意，我可以為您提供免費的升級服務／額外的贈品。」

「感謝您的回饋，作為對您耐心的感謝，我們將為您提供專屬的優惠。」

這樣的策略不僅能改善顧客的情緒，還能增強顧客對品牌的忠誠度。

化解投訴，贏得信任 —— 銷售人員的回應之道

對於喜歡抱怨型顧客，銷售人員需要在情緒管理和問題解決方面具備高超的技巧。透過耐心傾聽、表達理解和同

情、針對性解決問題以及提供額外價值，銷售人員可以有效地化解顧客的情緒，並為顧客提供更好的體驗。最終，這樣的方式不僅有助於平息顧客的抱怨，還能讓顧客對品牌產生信任和認同，促進交易的順利完成。

滿足好奇，立即成交——如何應對好奇心強烈型顧客

好奇心強烈型顧客是一種對購買沒有明顯抗拒心理的客群。他們更多的是希望了解商品的詳細資訊和特性，對所有關於產品的訊息都保持高度的好奇心。他們在購物過程中，並不急於做出決定，而是希望了解更多，積極詢問關於產品的各種問題。這類顧客的態度通常很認真且有禮，且對資訊的渴望使他們在商品介紹過程中積極參與。

特徵分析

1. 願意傾聽，渴望了解更多資訊

這類顧客非常注重了解商品的各個方面，對商品的各種特性、使用方法、優勢等問題都會提出大量問題。他們願意花時間去聆聽行銷人員的詳細介紹，只要你能提供足夠的資訊，他們會聽得津津有味，並且積極提出自己的疑問。

2. 無購買抗拒心理，但需要確認需求

雖然這類顧客對購買並不抗拒，但他們通常會比較謹慎，會仔細考慮是否滿足自己的需求。因此，他們更像是

衝動購買的潛在顧客，一旦確信商品合適，就能快速做出決定。

3. 具備一定的購買潛力

好奇心強烈型顧客如果獲得足夠的資訊並且滿足了他們的需求，他們是很可能成為買家的。這是因為這類顧客通常對自己所做的決策有很高的信心，一旦他們的好奇心得到滿足，便能迅速轉變為購買行為。

銷售策略

面對好奇心強烈型顧客，銷售人員可以運用以下策略來促成銷售：

1. 主動介紹商品的特性，滿足顧客的好奇心

這類顧客對商品的詳細資訊充滿渴望，因此銷售人員應該主動介紹商品的各種特性、使用方法、優勢等，並提供一個全面的產品介紹。在介紹時，不僅要解答顧客的問題，還要加深他們對產品的了解，讓顧客感到自己對商品有了充分的認識。例如：

「這款產品採用了最新的技術，它的使用壽命比一般同類產品長達兩倍，並且非常節能，這樣能幫助您節省更多的費用。」

「這款產品不僅具有多種功能，還能根據您的需求進行個性化設置。」

這樣的介紹能讓顧客感受到產品的價值，並且滿足他們對產品的好奇心。

2. 鼓勵顧客提問，增強互動性

對於好奇心強烈型顧客，銷售人員應該鼓勵顧客提出問題，並且耐心解答。這樣不僅能加強顧客的參與感，還能幫助顧客更深入地理解產品。例如：

「如果您對產品有任何疑問，隨時可以問我，我很樂意為您解答。」

「您對這款產品有什麼具體的需求嗎？我可以根據您的需求進一步解釋它的優勢。」

這樣的互動方式會讓顧客覺得自己被重視，並且增強了購買的信心。

3. 強調促銷優惠，激發顧客的購買欲望

由於好奇心強烈型顧客對商品的了解非常重視，一旦他們了解了商品的優勢並確認需求後，可以使用促銷優惠來促使顧客下單。告訴顧客目前的優惠或折扣，讓顧客感受到即時的購買誘因。例如：

「現在我們有特別的折扣活動，這款產品今天購買可以享受 30%的優惠，機會難得。」

「您現在購買還可以獲得免費的額外服務，這樣的優惠即將結束，您可以趁現在抓住機會。」

這樣的策略能有效激發顧客的購買欲望，促使他們做出購買決策。

4. 引導顧客做出選擇，提供購買建議

這類顧客通常會對多個選項有所關注，因此銷售人員可以根據顧客的需求，提供購買建議，幫助他們做出選擇。例如：

「這款產品非常適合您目前的需求，它能幫助您解決××問題。」

「如果您更注重 CP 值，這款產品會是您的理想選擇。」

這樣的引導能讓顧客感覺到自己做出了明智的選擇，從而更願意下單。

轉化好奇心為購買 —— 銷售人員的精準引導策略

對於好奇心強烈型顧客，銷售人員應該提供豐富的產品資訊，滿足顧客的好奇心，並透過積極互動建立信任。同時，銷售人員要巧妙地運用促銷優惠和購買建議來激發顧客的購買欲望。透過這些策略，銷售人員可以有效促進顧客做出購買決策，轉化為成交。

突破自身思考——如何激發思想保守型顧客的購買欲

思想保守型顧客通常具有固執和傳統的性格特徵，他們的消費行為和態度往往穩定且習慣化，不容易受到外界的干擾或他人的勸導。這類顧客喜歡與熟悉的品牌或行銷人員來往，並且長期保持對某一品牌或產品的忠誠，即使他們對現狀有所不滿，也不會輕易顯露出來或改變他們的消費選擇。

特徵分析

1. 固守傳統，對新事物接受度低

這類顧客對於變化非常保守，習慣了現有的品牌或產品，很少會去嘗試新的選擇。他們對於已有的選擇往往感到滿意，即便某些地方存在不足，他們也能容忍並不輕易表露。這樣的顧客通常會有較高的品牌忠誠度，難以說服他們轉換品牌或購買新產品。

2. 喜歡穩定和熟悉的選擇

思想保守型顧客偏好穩定且熟悉的選擇。他們不容易因為市場上的新產品或新品牌而改變選擇，這使得他們在消費

決策過程中，往往會保持比較保守的態度。他們的行為大多基於對過去經驗的依賴，而非探索新鮮事物。

3. 隱性不滿，但不輕易表露

即使對現有產品或服務存在一些不滿，思想保守型顧客也不會輕易表現出來。他們往往會忍耐這些不滿，並對問題保持默默容忍的態度。這使得他們在購買決策中，往往不會主動尋求變化，除非這些不滿已經累積到了無法忽視的地步。

銷售策略

1. 發現顧客的不滿，尋找改變的契機

面對這類顧客，銷售人員首先需要發現顧客對現有選擇的不滿或隱性需求。這可以透過與顧客的對話，了解他們對現有品牌或產品的看法，進而發現他們可能感受到的不足之處。一旦了解顧客的痛點，銷售人員可以根據顧客的需求進行有針對性的推薦。

2. 強調產品的實惠與價值

對於思想保守型顧客，銷售人員應該注重從實際利益和價值的角度來介紹新產品或新品牌。強調產品的 CP 值和帶來的長期價值，讓顧客感受到即使轉換選擇，也能帶來更好

的經濟效益。例如：

「這款產品在性能上有所提升，而且在長期使用中能幫助您節省更多的費用。」

「這款產品的品質更有保障，且售後服務也更全面，您不必擔心未來的維修問題。」

透過這樣的說明，可以讓顧客看到改變的實際利益，進而考慮接受新選擇。

3. 提供免費試用或體驗機會

對於這類顧客，提供免費試用或體驗的機會是一種有效的策略。這能夠減少顧客對於新產品的顧慮，並且讓他們在無風險的情況下親身體驗新產品的優勢。例如：

「我們目前提供 7 天免費試用，您可以在不花費任何額外費用的情況下體驗這款產品，看看它是否適合您的需求。」

「您可以在家中試用這款產品，如果不滿意，隨時退換。」

這樣的做法可以讓顧客放下心中的顧慮，進而改變對新產品的偏見。

4. 小步推進，逐步改變顧客的認知

面對思想保守型顧客，銷售人員不應該急於要求顧客立刻做出決定。相反，可以透過逐步介紹新產品的優勢，讓顧客在漸進的過程中接受變化。例如：

「我理解您對現有產品的依賴，我們的產品不僅能夠完美延續您目前使用的功能，還能提供更多的附加價值。」

這樣的方式能讓顧客在心理上逐步接受新選擇，而不會覺得自己受到強迫或壓力。

5. 尊重顧客的選擇，讓他們感受到自主權

思想保守型顧客往往對選擇有較強的控制欲望，因此在銷售過程中，銷售人員應該讓顧客感受到自主選擇的權利。例如：

「這款產品非常適合您的需求，您可以考慮一下，如果有任何問題，我隨時都可以為您解答。」

「如果您對這款產品有疑問，您可以再仔細考慮，我相信它會給您帶來很好的使用體驗。」

這樣的表達能讓顧客感受到不受逼迫，從而減少牴觸情緒。

持續改變 —— 成功引導保守型顧客接受新選擇

面對思想保守型顧客，銷售人員需要耐心地了解顧客的需求和痛點，並透過強調產品的實際價值和優勢來促使顧客接受新選擇。提供免費試用、逐步引導顧客並尊重其選擇，能夠有效打破顧客的固有觀念，幫助他們做出購買決策。在這過程中，保持耐心、尊重顧客的選擇權，是促成銷售的關鍵。

從數據到成交——
如何面對精明理智型消費者的顧客分析

精明理智型顧客是非常理性且冷靜的消費者，他們在購買過程中通常會依賴自身的知識和經驗，透過邏輯分析來評估產品或服務。他們對廣告宣傳和銷售人員的話語保持懷疑態度，通常不會輕易被情感或宣傳所打動，而是根據事實和數據來做出購買決定。

特徵分析

1. 高度理性，依賴數據和邏輯

這類顧客非常依賴自身的知識和邏輯推理來做決策。他們通常會花時間分析和比較多個產品，並會詳細查詢相關的資料和評論，以確保自己選擇的是最具CP值的產品或服務。這種理性分析讓他們在面對銷售人員時，通常不容易被感性推銷所影響。

2. 對產品特徵了解深入

精明理智型顧客往往會對自己感興趣的產品或服務有深入的了解。他們了解產品的技術規格、功能、價格以及市場競爭狀況，對產品的各項特性有很高的要求。因此，銷售人員在向這類顧客介紹產品時，必須準備充分，能夠詳細解釋產品的特徵，並且能夠回答顧客提出的各種問題。

3. 不易受外部宣傳影響

這類顧客往往對廣告宣傳持懷疑態度，並不輕易接受行銷人員所推崇的「誇大其詞」的推銷語言。他們更偏向於依賴自己做的市場調查和過往經驗來做決策，而不是單純的情感推銷。因此，銷售人員需要展示其專業知識和深厚的產品理解，而不是僅僅依賴情感上的吸引。

銷售策略

1. 強調產品的理性優勢

面對精明理智型顧客，銷售人員應該更多地從數據和事實的角度來說明產品的優勢。例如：

「這款產品的能效比同類產品高30%，能為您節省長期的使用成本。」

「根據我們的測試數據，這款設備在同類產品中擁有最長的使用壽命。」

透過具體的數據和比較，讓顧客感受到產品的價值和優勢。

2. 提供詳細的產品比較和分析

精明理智型顧客會仔細比較不同產品，因此，銷售人員需要提供具體的比較資料，幫助顧客做出決策。例如：

「我們的產品與市場上的主要競爭者相比，無論在性能還是價格上，都有優勢。」

「這款產品的維修保養成本低於同類產品，長期使用會更加經濟。」

這樣的比較能讓顧客感到有根據的選擇。

3. 解釋產品的長期價值

對於精明理智型顧客而言，他們更關心的是產品的長期價值，而不僅僅是眼前的優惠或折扣。因此，銷售人員可以強調產品的耐用性、長期節省成本等方面。例如：

「這款產品的維修率僅為同類產品的三分之一，您可以長期使用而不必擔心維修費用。」

「選擇這款產品，您不僅能享受當前的功能，還能在未來幾年中節省大量能源和營運成本。」

4. 引入客觀第三方評價

精明理智型顧客通常會依賴來自第三方的評價和推薦，因此，銷售人員可以引用客觀的數據或第三方的意見來增加說服力。例如：

「根據知名評測機構的報告，這款產品被評為同類產品中最佳選擇。」

「這款產品已經獲得了數個國際認證，保證其品質和效果。」

第三方的背書可以幫助消除顧客的疑慮。

5. 準備解答顧客的問題

面對精明理智型顧客，銷售人員必須做好準備，隨時解答顧客可能提出的技術性或專業性問題。這類顧客往往會根據自己對產品的了解提出深入的問題，銷售人員的專業知識和回答的準確性將直接影響顧客的信任感。例如：

「您提到的這個問題，這款產品有一個創新的設計來解決，這是它的核心競爭力之一。」

「關於您提到的這個功能，我們提供了詳細的技術文件，您可以參考並了解其實現原理。」

準確的回答能增強顧客對產品的信心。

透過透明資訊與顧客分析專業解答，讓消費者放心購買

面對精明理智型顧客，銷售人員需要透過詳盡的數據和理性分析來展示產品的價值，並且提供清晰、透明的資訊，

幫助顧客做出購買決策。這類顧客更注重產品的CP值、長期價值和第三方評價，因此，銷售人員應該準備充分，能夠回答顧客的各種問題，並且強調產品的實際優勢。只有在這種理性和專業的基礎上，才能成功打動精明理智型顧客，達成交易。

解讀沉默需求——
如何發掘內向顧客的購買意願

內向含蓄型顧客通常較為神經質，對與銷售人員的接觸感到不自在，尤其是在公開場合或陌生的情境下。他們往往不善於表達自己，並且容易在交談中顯得不安，甚至有時會表現出一定的迴避行為。這類顧客雖然心中可能對某些產品有需求，但因為他們的性格特點，他們的需求不容易表達出來。

特徵分析

1. 喜歡保持距離，對陌生人有所戒心

內向型顧客對陌生的銷售人員保持一定的戒心。他們在面對銷售推銷時，會顯得略為焦慮，甚至會避免長時間的眼神接觸。這種顧客經常心裡默默擔心銷售人員會問他們一些尷尬的問題，或是會引導他們做出不願意做出的購買決定。因此，他們的行為通常表現得不夠專注，並且會顯得有些心神不寧。

2. 容易被說服，但缺乏主動表達的勇氣

儘管這類顧客其實內心可能有興趣，但因為性格較為內向和含蓄，他們通常會很少主動發問或表達需求。他們知道自己容易被說服，因此在面對銷售人員時，他們更容易退讓，避免讓自己處於需要主動發言的局面。這樣的顧客雖然最終可能會同意購買，但過程中可能會顯得猶豫不決。

3. 對交易過程感到壓力，容易陷入困惑

內向型顧客往往對推銷過程中的各種細節感到不確定或困惑。他們會過度考慮自己是否做出了正確的決定，並且害怕在交易過程中犯錯。因此，他們可能會表現得有些坐立不安，並時常分心或看向其他地方，這反映了他們對進一步承諾的不安。

銷售策略

1. 應對策略：謹慎且穩重

面對內向含蓄型顧客，銷售人員應該保持謹慎和穩重的態度。對話過程中不要過於強勢，而應該用一種溫和且不會引起壓力的語氣來進行。尊重顧客的感受，不要急於推銷，而是逐步建立信任關係。

2. 建立信任，放慢節奏

內向型顧客不太容易開口表達需求，因此，銷售人員應該給予他們足夠的空間，耐心聆聽並觀察他們的非語言表現(如身體語言、眼神交流等)。建立一個友善且沒有壓力的氛圍，讓顧客覺得自己可以放心地做出選擇。

3. 坦率的稱讚與正面鼓勵

對這類顧客來說，建立信任關係是成交的關鍵。銷售人員可以透過真誠的稱讚顧客的選擇或眼光，讓他們感到被認可。適度的肯定他們的決策能力，有助於提升他們的自信心，減少他們的壓力。

例如，當顧客選擇某款商品時，可以說：

「這款產品的CP值非常高，您做的選擇真的非常明智。」

「您對這個問題的理解很到位，這樣的選擇很符合您的需求。」

這樣的讚揚能夠減少顧客的疑慮，並且讓他們感受到更多的自信。

4. 減少銷售壓力，增加顧客掌控感

內向型顧客通常會避免強加於他們的銷售壓力。因此，銷售人員應該避免過度推銷或頻繁地向顧客提出逼迫性的問題。例如，銷售人員可以說：

「如果您還需要一些時間考慮，我完全可以理解，請隨時告訴我您有任何疑問。」

這樣的方式能讓顧客感受到自己擁有決策權，減少他們的壓力和焦慮感。

5. 用簡單明瞭的方式介紹產品

面對內向型顧客，簡單、直接且具體的介紹產品特性會比冗長的銷售話術更有效。過多的細節可能讓顧客感到困惑或不安，因此，要以最簡單明瞭的方式介紹產品，並重點強調其符合顧客需求的方面。

例如：

「這款產品的設計非常簡單，使用起來非常方便，適合您的日常需求。」

這樣可以有效地傳遞產品的優勢，並且讓顧客不會感到資訊過於繁雜。

低壓式銷售——如何讓內向顧客舒適地完成購買

面對內向含蓄型顧客，銷售人員應該保持耐心和穩重，避免過度推銷，並逐步建立信任關係。透過真誠的讚揚、簡單明瞭的產品介紹以及不施加壓力的態度，能夠有效減少顧客的焦慮感，促使他們做出購買決定。最重要的是，讓顧客覺得自己在整個過程中是掌控者，並且提供足夠的支持與理解，這樣可以成功地達成交易。

掌握節奏，精準引導——有效應對滔滔不絕型顧客

滔滔不絕型顧客通常喜歡長時間談論自己的觀點和想法，並且一開口就會口若懸河，往往會偏離原本的主題，將對話引向無關領域；喜歡在他人面前炫耀自己的財富和成功，並不惜誇大自己的物質擁有，試圖以此來提升自我價值感。這類顧客往往表現得自信十足，希望透過誇耀來獲得他人的認可和尊重，但事實上，他們的經濟狀況可能並不如外界所見的那麼寬裕，甚至有可能面臨財務上的困難。他們可能對銷售過程並不急於做決定，而是將重點放在自己的感受和觀點上，這使得銷售人員在推進銷售過程時容易陷入無效閒聊，導致銷售進程緩慢。

特徵分析

1. 長時間發表觀點，離題嚴重

這類顧客通常會在銷售過程中表達自己對產品、行業或某些社會現象的見解。這些顧客很容易開始談論其他不相關的話題，並且當他們開口後，會自顧自地說個不停，對於銷售員提出的問題也不一定做出直接的回應，這可能會讓整個銷售過程陷入困境。

2. 願意表達，喜歡分享自己的想法

儘管這類顧客的談話往往偏離主題，但他們卻非常願意表達自己的看法和情感。這是一個重要的信號，顧客有可能對產品本身感興趣，但未能充分表達出來，這也給銷售人員提供了潛在的機會。

3. 不善於集中注意力，容易分心

由於這類顧客習慣於發表長篇大論，他們往往在交流過程中無法集中注意力於具體的產品或服務，而是沉浸在自己的想法和經歷中。他們可能會跳過關鍵的購買決策問題，這使得銷售人員需要更加努力地引導對話。

4. 喜歡誇耀財富和成就

這類顧客的主要特徵就是常常炫耀自己的財富或成就，無論是透過高價的消費、名牌物品，還是他們的成功故事。他們希望這樣的炫耀能夠獲得他人的關注和尊重，並且往往會在交往中頻繁提及自己所擁有的財富。

5. 渴望社會地位和認同

儘管他們可能並非真正的富裕或成功人士，但他們會竭力表現出來。他們的誇耀其實是一種內心的不安表現，因為他們希望透過外界的認同來確認自己的價值和地位。他們對外界的評價極為看重，尤其是在商業場合中，他們希望被視為有影響力的人。

6. 表現自信，實則不安

大吹大擂型顧客經常表現得非常自信，然而，這種自信往往是源於不安。他們藉由顯示自己擁有的物質財富來掩蓋內心的恐懼和缺乏安全感。這類顧客渴望在他人眼中塑造一個成功的形象，但其實並不完全符合實際情況。

銷售策略

1. 耐心聆聽，給予顧客發洩的空間

面對滔滔不絕型顧客，銷售人員首先應該具備極大的耐心，讓顧客有時間充分表達自己的想法。在此過程中，銷售人員應該避免打斷顧客，而是耐心聆聽，這樣可以讓顧客感到被尊重和理解，從而增強他們的信任感。

例如，當顧客開始講述無關的話題時，銷售人員可以適當點頭示意，表達自己在聆聽並關心顧客的觀點。這樣的舉動有助於加深顧客對銷售人員的好感。

2. 巧妙引導話題，轉入行銷重點

在顧客發洩過後，銷售人員應巧妙地引導對話回到核心問題，並將話題轉向銷售重點。這時，銷售人員需要抓住顧客談話中的關鍵資訊，並基於這些資訊進行引導。這不僅能使對話回到正軌，還能讓顧客感覺到銷售人員真正理解他們的需求。

例如，當顧客開始講述與產品無關的話題時，銷售人員可以說：

「我明白您的想法，您的觀點很有趣。那麼關於您提到的需求，我相信我們的產品能夠提供您很好的解決方案。」這樣能平滑地引導顧客進入產品介紹，避免讓對話變成無關的閒聊。

3. 善於發現銷售機會，捕捉顧客的潛在需求

聆聽顧客的每一句話是發現銷售機會的關鍵。即使顧客的話題偏離銷售重點，銷售人員仍然能從中獲得寶貴的資訊。例如，顧客可能無意間提到他們在尋找某種功能的產品，這就為銷售人員提供了進一步推銷的契機。

4. 提問策略：適當提問，促進顧客思考

當顧客滔滔不絕時，銷售人員可以巧妙地提問，促使顧客對產品或服務產生更多的思考。這樣既能讓顧客回到談判桌，也能增強銷售人員與顧客之間的互動。

例如，可以問：

「您提到的需求聽起來很有意思，您覺得這款產品能夠更好地解決您的問題嗎？」

這樣的問題不僅能引導顧客進一步思考，還能引導他們把焦點放在產品的價值上。

5. 恭維顧客，滿足其虛榮心

面對這類顧客，銷售人員應該適當地恭維他們，讓他們感覺到自己的價值被認可。例如，在顧客開始炫耀財富時，可以表達對他們成功的敬佩，並指出他們在某些領域的卓越成就。這樣可以讓顧客感到被尊重，進而拉近與銷售人員之間的距離。

例如：

「您在這個行業的成功真是令人欽佩，能向您學習真是一件幸事。」

這樣的恭維不僅能讓顧客感到自信，也能讓他們對銷售人員產生好感。

6. 提供靈活的支付選項，顧及顧客面子

由於這類顧客往往會在財務上有所壓力，儘管表面上看起來富裕，銷售人員可以提供一些靈活的支付選擇來讓顧客感覺自己不會因此而失去面子。例如，建議顧客先支付訂金，並且允許其在後續時間內付款。

例如：

「您可以先付訂金，剩餘的款項可以在下次見面時支付。」

這樣的提議能讓顧客在不犧牲面子的情況下，獲得更多的財務靈活性，並且能有效促使交易完成。

7. 確保顧客感覺自己掌控交易

雖然大吹大擂型顧客可能對價格較為敏感，並且喜歡在交易中占據主導地位，但銷售人員應該讓他們感覺到自己在整個過程中掌控了局面。可以透過適當的引導，讓顧客主動參與決策，這樣他們會覺得交易對自己有利，並且在情感上對交易達成更加積極。

例如：

「這款產品符合您的需求，您覺得怎麼樣？如果您覺得不錯，我們可以現在就處理訂單。」

這樣的說法讓顧客感覺到自己是決策的主導者，能增加成交的可能性。

4. 了解顧客的真正需求

大吹大擂型顧客表面上看似喜歡炫耀，但實際上，他們也有一些內心的需求。銷售人員需要深入了解顧客的真正需求，不僅僅是商品的價格或品牌，還應該注意到顧客在社交場合中的需求和面子的考量。透過這些資訊，銷售人員可以更加精確地提供服務，讓顧客感覺到這筆交易符合他們的需求。

高效溝通！如何讓話多的顧客專注於購買決策

面對滔滔不絕型顧客，銷售人員需要具備耐心、技巧和謹慎的態度。透過耐心聆聽、巧妙引導話題、發現潛在需求及適當提問等，銷售人員能夠有效突破顧客的長時間發表，將對話帶回到銷售核心，進而提高交易成功率。最重要的是，銷售人員要保持耐心和積極的態度，讓顧客感覺到被理解和尊重，這樣才能成功推進銷售過程，獲得顧客的信任和認可。

第三章
從拒絕到成交——業務員必學的銷售心理與應對技巧

在銷售現場，「被拒絕」幾乎是每一位業務員的日常，甚至是通往成交的必經之路。真正的高手，從不害怕拒絕，而是善於拆解拒絕、轉化抗拒，從「不」裡找到「是」的契機。拒絕往往不是結束，而是對顧客心防、猶豫與觀望心理的自然反應。

本章將深入剖析各種「拒絕型語言」背後的心理機制，教你如何辨識真假抗拒、打破成交障礙，並靈活運用退讓、互惠、替代選項等策略，精準引導顧客思考轉向。你會學會以耐心與智慧對話，而非急於攻破，打造一種讓顧客自願說「是」的銷售場域。

從情緒挫敗走向心理勝利，拒絕其實是最好的成交訊號——只要你懂得讀懂它。

不怕拒絕，學會突破——銷售高手的成交心法

在銷售過程中，拒絕是家常便飯，幾乎每位業務員都會遇到客戶的拒絕。然而，拒絕並不意味著失敗，而是銷售過程中的一部分。最重要的是如何正確面對和處理這些拒絕。以下是一些心態調整和策略，幫助業務員應對客戶的拒絕。

心態調整第一法：將每一次客戶拒絕看成是還「債」的機會

拒絕往往會讓業務員感到沮喪，然而，從另一個角度來看，這是「還債」的機會。在做業務的過程中，每一次被拒絕，都是在償還過去你作為買家時的「人情債」。這樣的心態能幫助業務員減少拒絕帶來的情緒負擔，並將每次拒絕視為一個積極的學習和成長的機會。

這樣的轉換心態，有助於減少對拒絕的恐懼，讓你保持冷靜和理智地繼續推進。

心態調整第二法：
對於「客戶拒絕」不要信以為真

很多客戶的拒絕其實並不代表他們對產品完全不感興趣。許多客戶拒絕的原因可能是因為對產品了解不夠，或者因為他們處於對產品的「偽裝抵抗」階段。這樣的拒絕不必過於焦慮，而應該理解為他們仍在考慮中，並且需要更多的時間或資訊來做出決定。

面對這樣的情況，業務員可以保持冷靜，並輕描淡寫地回應：「哦，真是這樣嗎？看來您在這方面非常有見解，不知道您有沒有興趣與我分享更多的想法呢？」

這樣的回答既不會對顧客產生壓力，又能繼續引導對話，保持開放的溝通渠道。

心態調整第三法：
現在客戶拒絕你，並不代表永遠拒絕你

每一次的拒絕，並不代表最終的結局。在銷售過程中，有時客戶的拒絕只是短暫的，隨著時間的推移，他們可能會改變態度。如果你能保持耐心，了解客戶的需求並做出相應的調整，未來的機會還是很大。

因此，面對拒絕時，要避免心急，將每一次的拒絕看作

是向成功邁出的第一步。記住，每一步都是為了下一次更順利的接觸做準備。

心態調整第四法：機率決定論

銷售是一個數字遊戲，即使最優秀的銷售人員，也會面對一定比例的拒絕。通常，會有大約 30%的客戶直接拒絕，10%的客戶會立刻成交，剩下的 60%則需要更多努力和策略來爭取。

這樣的心態讓你更理性地看待拒絕，並專注於提高工作量和策略，以爭取剩餘的 60%的客戶。每一次拒絕都是為了讓你更接近下一次的成功。

心態調整第五法：正向能量的調整

正向的思維會顯著提高成交率。根據吸引力法則，如果你在銷售過程中充滿信心並持積極心態，你將更容易吸引到對你有利的結果。與其擔心拒絕，應該專注於自己積極的行動和交流。

例如，在打電話給客戶之前，先想像他們會接受你的提案，並將這種積極的能量傳遞給對方。這樣的心態會使你在每一次銷售活動中保持高效，並且減少因拒絕而帶來的負面情緒。

拒絕不是終點，而是起點 ——
銷售高手的逆轉成交術

銷售中面對拒絕是無可避免的，但如何正確應對拒絕會直接影響到你的銷售結果。保持冷靜，調整心態，並且學會從每次拒絕中學習和成長，最終你會克服拒絕，走向銷售的成功。

辨識客戶拒絕的真相：如何將每一次「不」轉化為成功的機會

在銷售過程中，拒絕是不可避免的挑戰。很多銷售人員面對拒絕時，容易灰心失望，甚至放棄努力。然而，成功的銷售人員懂得如何利用每一次的拒絕機會，轉化為下一次成功的起點。透過敏銳地辨識和應對不同類型的客戶拒絕，銷售人員不僅能提高成交率，還能在競爭激烈的市場中脫穎而出。

當客戶說「不需要」時：如何啟發他們的潛在需求

當客戶表示「不需要」時，這並不代表產品真的不合適，而是他們可能還未意識到自己存在需求。作為銷售人員，應該透過引導，讓客戶認識到自己潛在的需求，並強化這一需求，進而提升購買意願。

面對「沒錢」的拒絕：如何挖掘隱藏的購買動機

金錢常常是購買決策中的核心因素，但「沒有錢」並不總是最真實的拒絕理由。銷售人員應該學會探索客戶背後的真正原因，了解是否是產品的價值感知未達到，或是客戶的需求尚未充分被激發。

當客戶說「沒時間」時：如何把握有限的機會

「沒時間」是客戶最常見的拒絕理由之一。對此，銷售人員應該迅速抓住客戶的注意力，展現產品的核心價值並創造時間上的迫切感。有效的時間管理和清晰簡潔的推銷可以讓客戶重新考慮自己的需求。

客戶反覆「考慮」時：如何防止交易流失

當客戶表示要「再考慮考慮」時，銷售人員應該迅速設置後續跟進的具體時間，並強化產品的優勢和緊迫感。這樣，才能確保客戶不會將交易拖延，最終錯過這次商機。

嫌「貴」的客戶：如何重塑他們對價值的認知

當客戶說「太貴」時，這不一定是價格本身的問題，而是他們未能全面理解產品的價值。銷售人員應該注重展示產品的長期價值和品質優勢，幫助客戶理解「價高即值高」的真正意涵，從而消除價格的疑慮。

防衛型拒絕：如何突破客戶的心理防線

防衛型拒絕通常是客戶對銷售過程中的某些不信任或不安情緒的反映。銷售人員需要更細緻的了解客戶的需求與顧慮，並透過耐心和信任的建立，突破客戶的防衛心理，進而促進交易的達成。

不信任型拒絕：建立信任，打破銷售障礙

不信任型拒絕並不是對產品的質疑，而是對銷售人員的懷疑。銷售人員應該專注於建立與客戶的信任關係，透過誠實、透明的溝通，並提供真實的證據來打破不信任的障礙，最終促進交易。

無助型拒絕：如何為客戶提供實質性的幫助

當客戶因為未能充分理解產品的價值而說「不」，銷售人員需要更多地站在客戶的角度思考，提供具體的幫助和指導。幫助客戶理解如何從產品中獲益，才能讓客戶心甘情願地選擇購買。

不急需型拒絕：如何促使客戶抓住最佳購買時機

「不急需」的拒絕並非完全否定購買，而是表明客戶尚未感受到立即行動的必要性。銷售人員需要創造緊迫感，讓客戶意識到錯過當前機會可能會帶來的損失，從而促使他們做出快速決策。

從每次拒絕中學習，將拒絕轉化為成功的契機

拒絕並非終點，而是銷售過程中不可或缺的一部分。學會辨識客戶拒絕背後的真正原因，並根據不同的拒絕類型調整策略，將使銷售人員更具優勢。每一次拒絕都是一次新的學習和調整機會，只有不斷累積經驗，銷售人員才能實現持續的成功。

拒絕背後藏著機會——破解客戶抗拒的銷售策略

銷售過程中，拒絕是業務員經常會面對的挑戰。面對顧客的拒絕，許多銷售人員可能會感到沮喪或迷茫，然而，了解顧客拒絕的原因，並採取適當的應對策略，往往能將拒絕轉化為成功的契機。根據不同的拒絕類型，業務員應該採取相應的應對措施，突破顧客的心理防線，最終實現成交。

理性拒絕：如何化解顧客的顧慮

當顧客表現出理性拒絕時，他們通常會給出具體的理由，例如：「價格太高」、「需求不大」等。這類拒絕反映的是顧客的理性判斷和需求評估。在這種情況下，業務員應該仔細聆聽顧客的理由，並從顧客的需求出發，進一步展示產品的優勢和價值。透過提供更多的資訊、數據支持以及客觀的市場分析，可以有效打消顧客的顧慮，讓顧客認識到產品的實際價值。

情緒化拒絕：如何應對顧客的情緒波動

情緒化拒絕通常表現為顧客的反應過於激烈，甚至是無理取鬧。例如，顧客可能因為家庭糾紛或情緒不佳而將怒火發泄到業務員身上。這時，業務員需要保持冷靜，避免與顧客進行無謂的爭辯。首先，要給予顧客足夠的時間釋放情緒，其次，可以用輕鬆的語氣或幽默感化顧客的情緒，緩解他們的壓力。當顧客情緒穩定後，再繼續進行產品介紹，會有更好的效果。

藉口性拒絕：如何突破顧客的防線

這是銷售過程中最常見的拒絕形式，例如「現在沒錢」、「先考慮考慮」，或「需要和家人商量」。這類拒絕大多是顧客的藉口，表面上顯示顧客並不急於做出決策，實際上他們可能對產品還有所猶豫或並未完全了解產品的價值。業務員應該根據顧客的回答進行引導，不要急於放棄，重點強調產品的獨特性、當前的優惠以及即將過期的促銷，創造一些時間上的緊迫感，讓顧客感受到錯過機會的後果。

如何建立與顧客的良好關係

對於大多數顧客來說，購買決策不僅僅是基於產品本身的優勢，還受到銷售人員是否能建立信任感的影響。業務員在與顧客接觸的過程中，應該首先爭取顧客的好感。這可以透過提供有價值的資料、親切的服務態度以及適度的交流來實現。業務員可以從顧客的需求出發，提出切合的產品特徵，進行技術或經濟方面的討論，展示自己對產品的專業知識，從而增強顧客的信任感。

進一步打開對話：如何處理拒絕後的跟進

當顧客表現出某種拒絕的態度時，業務員不應該立刻放棄，而是應該將每一次的拒絕看作一次繼續交流的機會。在處理拒絕時，業務員需要堅持冷靜並保持積極的態度。透過設立具體的後續聯絡時間，並在再次見面時針對顧客的疑慮進行解答，業務員可以成功地進一步建立對話，並最終促成交易。

拒絕是銷售中的一部分，學會應對才能突破障礙

面對顧客的拒絕，業務員應該保持正確的心態，將拒絕視為進一步了解顧客需求的機會。無論是理性拒絕、情緒化拒絕，還是藉口性拒絕，都需要業務員用對應的策略來應對。透過建立信任、引導顧客認識產品的價值、創造時間的緊迫感，以及適時的跟進，業務員能夠將拒絕轉化為成交的機會，從而提高銷售成功率。

如何克服拒絕心理，突破銷售障礙

在銷售過程中，拒絕無疑是業務員面對的最大挑戰之一。每次被拒絕都可能讓銷售人員感到沮喪，但這也是銷售過程中不可避免的一部分。要想成為一流的銷售人員，克服拒絕所帶來的心理障礙至關重要。下面將探討幾個常見的心理障礙以及應對方法，幫助業務員在面對拒絕時保持積極的心態，持續突破銷售瓶頸。

面對客戶拒絕：要保持冷靜

對於許多業務員來說，遭遇客戶拒絕時，常常會產生焦慮或失望情緒。這種情緒會影響接下來的銷售過程。然而，業務員必須認識到，銷售成敗是常有的事，接受拒絕是成為頂尖銷售人員的一部分。保持冷靜並以坦然的心態面對拒絕，不會讓情緒影響到下一次的銷售機會。

如何避免「欺騙顧客」的錯誤心理

有時候，業務員會擔心自己在推銷產品的過程中會讓顧客感覺被欺騙。這是一種錯位心理，將自己視為顧客的對立面。實際上，銷售人員應該將焦點放在自己公司的利益和產品的價值上，並從顧客的需求出發進行推銷。這樣不僅能夠提升銷售的成功率，還能增加顧客對產品的認同感。

提出交易不等於乞討

許多業務員可能會因為害怕顧客拒絕而不敢主動提出交易。他們擔心這樣會顯得像乞討一樣。其實，這是一種錯誤的心態。銷售過程中，業務員和顧客之間是平等的互惠合作關係。主動提出交易並非乞求，而是給顧客一個機會，讓他們認識到產品的價值。因此，業務員應該大膽自信地提出交易，並給予顧客做出決定的空間。

克服「怕被主管小看」的心態

一些業務員害怕提出交易後遭遇拒絕，擔心自己會失去主管的重視。然而，拖延不提出交易，雖然不會遭遇拒絕，但也無法完成任何業務。面對這種情況，業務員應該了解到，提出交易是銷售過程中不可避免的一步，且每一次的拒絕都會為下一次成功的交易奠定基礎。

增強對自己產品的信心

有些業務員在面對競爭對手的產品時，會擔心顧客會選擇對方的產品，這反映了業務員對自己的產品沒信心。事實上，對自己的產品保持充分的信心至關重要。銷售人員應該相信自己的產品具有獨特的價值，並能滿足顧客的需求。這種自信能夠幫助業務員在推銷過程中更加堅定，進而促成交易。

克服對產品品質的疑慮

如果業務員對自己銷售的產品缺乏信心，這會直接影響銷售過程中的表現。面對顧客的疑慮，業務員應該清楚地了解產品的優勢和特點，並向顧客解釋清楚。顧客之所以會選擇某一產品，通常是因為他們認為該產品符合自己的需求，業務員的任務是幫助顧客更好地理解產品的價值。

積極心態是銷售成功的關鍵

成功的銷售人員擁有強烈的積極心態。他們在面對拒絕時不會氣餒，而是保持樂觀，相信自己能夠克服一切困難。這種積極的心態會促使他們在面對多次拒絕後，依然保持動力，不斷前行。正如成功的銷售天才所說：「人們拒絕的是產品，而非銷售人員。」這意味著，只要業務員對自己充滿信心，並提供物超所值的產品，顧客會被打動，進而促成交易。

積極心態助力銷售突破

面對顧客拒絕，銷售人員應該保持積極的心態。每一次拒絕都是一次學習的機會，而不應該是失敗的標誌。透過調整心態、增加對產品的信心、主動提出交易並勇敢面對拒絕，業務員能夠逐步突破銷售障礙，最終實現交易的成功。記住，積極的心態是銷售成功的關鍵，只有擁有這種心態，才能在激烈的競爭中脫穎而出，獲得持久的業績。

如何運用退讓策略
促使客戶做出購買決定

銷售的藝術不僅在於展示產品，更在於如何巧妙地利用心理學原理影響客戶的決策。互惠原則便是其中一個強有力的策略，當銷售人員懂得如何適時讓步並創造「以退為進」的氛圍時，便能達到事半功倍的效果。這不僅能使客戶感到受尊重，也能迫使他們在內心對未達成交易的結果感到不安，進而做出購買決定。

互惠的心態：從退讓開始

在銷售過程中，最有效的策略之一就是利用互惠心理，讓客戶在某些要求上進行妥協。這一策略的精髓在於「先退後進」。當你初次提出某一要求時，若對方拒絕，你可以進行適當的退讓。這樣的退讓往往會讓客戶感到心理上的壓力，覺得自己有義務回報你這一讓步，從而使他們更願意接受後來的提議。這種心理效應源自於人類對公平和互惠的天生需求。

例如，當銷售人員提出一個高價的選擇時，客戶可能會因為價格過高而拒絕。此時，銷售人員可以做出讓步，提出更具吸引力的選擇，這樣客戶就會覺得自己獲得了更多的價值，並因此做出購買決定。

善用「拒絕－退讓」策略

這種策略的關鍵在於一開始提出較為極端或難以接受的要求，然後在顧客拒絕後，提出一個較為容易接受的條件。這樣，顧客會覺得自己在某種程度上「勝利」，並且對這次交易的結果感到滿意，進而做出購買的決定。

例如，一位賣花的小女孩向一位年輕人提出賣一束 10 枝玫瑰的要求。當年輕人拒絕時，小女孩提出只賣一枝 10 元的玫瑰，這樣的退讓使年輕人感到不好意思，最終購買了巧克力。這樣的策略表明，銷售人員先提出大要求，隨後給予退讓，這樣顧客自然會覺得自己「有所獲得」，從而促成交易。

退讓與讓步：達成銷售的關鍵

在銷售談判中，主動讓步往往會使顧客感到內心難安，迫使他們做出回報。這樣的策略在很多高價產品的銷售中尤為有效。銷售人員透過提供額外的服務或改變價格，讓顧客覺得自己得到了更多的價值。這樣的行為會讓顧客在內心感到難以拒絕，並且進一步促使他們決定購買。

例如，在推銷價格昂貴的家電時，乙業務員先提出了一些更昂貴的選擇，當顧客拒絕後，他再提出價格相對較低的選擇。這樣的操作讓顧客感到對方已經做出了退讓，他也因此更容易做出購買決定。

控制談判節奏：合理選擇「大」與「小」要求

在銷售過程中，提出更高的要求，然後在顧客的反應下逐步降低要求，是一個非常有效的策略。這樣顧客會覺得自己在與銷售人員的談判中占了便宜，從而更容易接受更小的要求，並最終完成交易。

例如，當一個顧客表示價格太高時，銷售人員可以先提出比實際要銷售的產品更貴的選項，顧客拒絕後，再提出一個較為合理的選擇。這樣顧客會覺得自己得到了「便宜」，而更容易接受銷售條件。

主動讓步，促進交易的發生

在許多銷售過程中，當銷售人員能夠主動讓步時，不僅能增加交易的成功率，還能為顧客帶來心理上的滿足。這種心理效應源自於「公平」的觀念，顧客在感受到銷售人員的退讓後，會覺得自己也應該做出相應的回報，這樣便促使他們做出購買決定。

例如，某家電公司的一位業務員先提出價格更高的選項，當顧客拒絕後，他提出更具吸引力的產品方案，最終成功達成交易。這樣的策略利用了顧客的心理預期，並使銷售人員成功引導顧客做出購買決策。

如何巧妙地運用退讓策略達成銷售

退讓策略是銷售過程中極其有效的一種技巧，能夠巧妙地利用顧客的心理反應，促使他們做出購買決定。銷售人員可以根據顧客的反應，適時調整策略，運用「拒絕—退讓」策略來達成交易。這樣的策略不僅能夠促成交易，還能在過程中建立良好的顧客關係，使顧客在心底感受到滿足與回報，進而增加品牌的忠誠度。

如何運用互惠原則 在銷售中封鎖客戶的拒絕

銷售中最有效的策略之一便是互惠原則。根據這一原則，當我們對他人施以恩惠時，對方會感到內心的負擔，並願意回報我們。在銷售過程中，這種心理效應的應用可以讓我們有效地推動客戶做出購買決定，甚至將拒絕的可能性降到最低。

互惠原則：施恩不圖報，但心理負擔驅動回報

互惠原則是一種人類天生的心理反應，當他人對我們做出某些讓步或恩惠時，我們往往會感到內疚，並希望回報對方。這種情感上的負擔使得我們更容易接受對方的要求。這是因為，無論是生活中的小恩小惠，還是商業中的交易，對方的好意通常會讓我們感到「欠了人情」，進而產生回報的欲望。

例如，一個人幫忙啟動了另一個的車子，當對方提出需求時，儘管心中有所顧慮，還是基於互惠原則而選擇了回報。這種心理機制，在銷售中被稱為「負債感」，能促使顧客在面對銷售人員的要求時感到內心不安，而願意做出讓步，接受產品或服務。

利用負債感：使顧客無法拒絕你的請求

業務員若能巧妙運用互惠原則，就能引導顧客在心理上感受到負債感，並因此促使顧客願意為自己的購買行為做出回報。例如，在銷售過程中，銷售人員可透過提供額外的服務或小禮物來創造恩惠。這樣，顧客會感到「欠」銷售人員一份人情，從而在內心不自覺地準備回報對方，通常表現為購買決定。

此時，顧客不願意因為不回報而背負心理負擔，因此，會更容易接受業務員的銷售建議。這種策略不僅能讓顧客覺得自己獲得了更多的價值，也能減少他們的反抗情緒，最終達成銷售目標。

以小恩小惠換取大回報：施恩與讓步的巧妙運用

在銷售過程中，適當的小恩小惠往往能換來顧客更大的回報。這種策略的關鍵在於提供顧客一些額外的價值，讓他們覺得自己得到的是無法輕易拒絕的好處。這樣，當顧客面臨選擇時，內心的不安會驅使他們做出回報行為，即接受銷售人員的提案。

例如，銷售人員可以先提出一些顧客難以接受的條件，如較高價格或較為嚴格的條件，然後在顧客拒絕後，提出更有吸引力的選項，這時顧客會感到自己得到了更好的待遇，從而感到負擔並願意接受交易。

讓顧客感覺回報是對等的：心甘情願地接受交易

銷售人員必須讓顧客在心理上感到回報是一種對等的行為，而非強加的。當顧客感受到自己並未被強迫，而是基於公平的交換做出決定時，他們會更加樂於接受提案。這一點可以透過誠摯的服務和無條件的幫助來實現。

例如，銷售人員在介紹產品時，強調產品的價值和顧客可以獲得的利益，並隨後提供一些額外的服務或優惠，顧客會因為自己的需求得到了滿足，而主動回報以購買行為。

當拒絕無法避免時，如何轉化拒絕為機會

有時，顧客可能會直接拒絕銷售員的提案。在這種情況下，銷售人員應該避免過度焦慮或直接放棄。透過良好的溝通技巧和再度施恩的策略，可以將最初的拒絕轉化為進一步的機會。當顧客拒絕後，銷售人員可以使用策略性問題，如「您是否對這個方案有疑慮？」，或者提供更多價值，使顧客意識到自己能從中獲得更多好處，從而最終接受交易。

巧妙運用互惠原則達成銷售目標

互惠原則在銷售中扮演著至關重要的角色，巧妙地利用負債感能夠促使顧客做出回報行為，進而達成交易。在銷售

過程中，業務員應該精確掌握這一心理機制，先行給予顧客一定的好處，並適時進行讓步，讓顧客在不自覺中感受到回報的壓力。這樣的策略能夠有效封鎖拒絕的可能性，並讓顧客在心理上產生無法拒絕的動力，最終達成交易。

如何辨識顧客的真實拒絕原因並有效應對

在銷售過程中，顧客的拒絕並非總是直接反映他們的真實想法。許多銷售人員在面對顧客的拒絕時，往往會停留在表面的原因，卻忽視了更深層的真實動機。要成為一位成功的銷售人員，必須學會辨識顧客拒絕背後的真正原因，並根據此進行有針對性的應對。以下將分析常見的顧客拒絕原因及如何突破它們。

理性拒絕與情感拒絕的區分

有些顧客表面上給出的是理性拒絕，比如價格過高或公司財務狀況不好，但實際上，這些可能只是他們隱藏的情感拒絕。比如某位企業主可能會說「我們現在負債累累，無法再增加額外支出」，但這種拒絕其實並未揭示出他真正的顧慮。這種情況需要銷售人員敏銳地洞察顧客內心的真實需求，並巧妙地引導對話。

例如，一位銷售人員曾與一位工廠廠長交談，該廠長最初表示拒絕保險的原因是工廠財務困難。然而，經過銷售人員的引導，廠長最終透露，他真正的顧慮是兩個兒子未來的財務安全。因此，銷售人員能夠針對這一隱藏的需求設計適當的保險方案，最終促成了銷售。

反覆考慮的客戶，實際上隱藏了拒絕意圖

「讓我再考慮一下」是銷售過程中最常見的拒絕語言之一。許多銷售人員認為這是顧客對產品有興趣的表現，但實際上，這種說法通常代表顧客對購買缺乏足夠的動機或有顧慮，並不一定代表他們正在考慮。

此時，銷售人員應該立即對顧客的顧慮進行探討，了解具體的疑問，並針對性地解決。這樣可以避免顧客在反覆考慮中最終選擇放棄。從顧客的語言中，我們可以發現其拒絕的根本原因，並及時進行有效的回應。

拒絕的真正原因往往不是表面上的理由

很多顧客會給出表面上的理由來迴避購買，例如「我們沒有預算了」或「現在不需要」，這些通常是藉口。銷售人員的任務是挖掘這些拒絕背後的深層次原因，透過提問或澄清，幫助顧客認識到他們真實的需求，從而打破他們的拒絕。

例如，顧客說「我們現在還不需要這個產品」，銷售人員可以進一步詢問：「您能告訴我，現在還有哪些方面是您目前

尚未滿意的嗎？」這樣可以引導顧客表達出真實的顧慮，並根據其實際需求進行推銷。

當顧客表現出防衛性時，銷售人員應保持冷靜

顧客有時會表現出強烈的防衛性，這時他們的拒絕並非真正的拒絕，而是對銷售行為的一種本能反應。這種情況通常出現在顧客對銷售人員不夠信任的情況下。

在這種情況下，銷售人員需要以積極、真誠的態度去突破顧客的防線，透過建立信任感來讓顧客逐漸放下戒備心。保持冷靜和耐心是應對防衛型拒絕的關鍵。

掌握對顧客需求的準確分析，避免誤解

銷售人員有時會誤解顧客的需求，認為顧客對產品的拒絕是因為價格或其他外部因素，實際上是因為產品並不符合顧客的真正需求。為了有效處理顧客的拒絕，銷售人員需要在初期就做好對顧客需求的全面分析，從而提供更具針對性的產品建議。

例如，在銷售保險時，如果顧客提到「現在我有其他的保障方案了」，銷售人員可以詢問顧客當前保障方案中的不足，並根據顧客的真實需求來推薦更合適的選擇。

善用詢問技巧挖掘顧客的真正需求

銷售中的拒絕往往不等於真正的拒絕，許多顧客的拒絕言詞只是表面原因，真正的動機常常隱藏在言語之外。銷售人員必須透過敏銳的觀察和有效的詢問技巧，深入挖掘顧客的核心需求，並根據顧客的真實想法調整銷售策略。當顧客的需求和期望得到準確辨識並得到滿足時，銷售成功的機率將大大提升。

如何讓顧客說「是」：成功應對拒絕的銷售策略

銷售的過程中，拒絕是無可避免的一部分。許多銷售人員常因為面對顧客的拒絕而感到沮喪，甚至放棄。然而，學會正確處理這些拒絕，反而能讓銷售人員更接近成功。這篇文章將介紹幾種有效的策略，幫助銷售人員將顧客的「不」轉化為「是」，從而達成銷售目標。

反問法：深入了解顧客的真實需求

當顧客表達拒絕時，銷售人員可使用反問法進行澄清，以獲得更具體的反對理由。反問可以幫助銷售人員獲得更多有價值的資訊，了解顧客真正的顧慮，進而進行有針對性的回應。這種方式能讓銷售人員在對話中掌握主動權，推動談判進程。

不抵抗法：避免與顧客正面對抗

銷售人員應學會不與顧客進行正面爭論。當顧客提出異議時，應避免強行反駁，而應透過順從的態度建立良好的溝通氛圍。這不僅能讓顧客感到被尊重，還能促進銷售人員與顧客之間的信任，從而為後續的銷售打下基礎。

傾聽法：關注顧客的真實想法

聆聽是銷售中的一個重要技巧。銷售人員應該專心聆聽顧客的需求和疑慮，而不是急於反駁或推銷產品。這不僅能讓顧客感到受到重視，還能幫助銷售人員發現潛在的銷售機會，並在談判中更加得心應手。

冷處理法：巧妙處理顧客的藉口

許多顧客在拒絕時並不給出具體的反對理由，而是提出藉口。銷售人員應辨識這些藉口，並採取冷處理的方法。這樣可以避免不必要的爭論，讓顧客的拒絕自然消退，從而更容易進行有效的後續銷售。

轉化法：將拒絕轉為購買理由

銷售人員應將顧客的反對意見轉化為購買的理由。例如，如果顧客認為產品對他們來說過於昂貴，銷售人員可以強調產品長期使用的價值，並說服顧客這是一次明智的投資。這樣不僅解決顧客的顧慮，還能促進銷售的順利進行。

補償法：減少顧客顧慮

當顧客提出反對意見時，銷售人員可以透過補償法來強化產品的優勢。例如，當顧客對價格有顧慮時，銷售人員可以強調其他方面的優勢，讓顧客感到他們的投資是值得的，從而消除顧慮。

比較法：展示產品的競爭優勢

如果顧客對產品功能有異議，銷售人員可以使用比較法，將自家產品的優點與競爭對手的產品進行對比。這種方法能清晰地展示產品的競爭優勢，幫助顧客更好地理解自家產品的價值，從而促成購買。

證據法：用證據說服顧客

對於質疑產品的顧客，銷售人員可以使用證據法來加強說服力。提供來自權威機構的證明、顧客的推薦信或產品獲獎記錄，這些都能有效增強顧客對產品的信任，促進交易的達成。

承認法：輕描淡寫地接受顧客的反對意見

承認法是指銷售人員輕描淡寫地同意顧客的一部分反對意見，從而減少顧客的抗拒情緒，並以此為基礎進行後續的銷售推進。這種方法不僅能讓顧客感到被理解，還能增加顧客對銷售人員的信任和好感。

面對拒絕，轉化為成功的關鍵

在銷售過程中，拒絕並不意味著失敗，而是成功的一部分。銷售人員應該學會運用各種策略來有效處理顧客的拒絕，將其轉化為促成銷售的動力。無論是透過反問法、轉化法還是冷處理法，銷售人員都應保持積極的態度，勇敢面對顧客的反對意見，最終達成交易。

第四章
掌握銷售攻心術——從開場話術到心理誘導，全面提升成交率

銷售並不只是介紹產品，更是一場心理遊戲。真正優秀的業務員，懂得運用語言的力量，從一開口就抓住顧客的注意力，進而逐步引導他們做出購買決策。本章將揭開「攻心式銷售」的技巧地圖，從開場白到提問設計，從語言暗示到情感說服，帶你掌握讓顧客無法拒絕的成交流程。

你將學會如何打造高吸引力的開場話術、如何運用心理暗示潛移默化影響顧客，甚至用一個貼切的讚美化解尷尬、挽回信任。此外，本章也會教你運用提問技巧掌握主導權，讓顧客在不知不覺中跟上你的節奏，從原本的「不需要」走向「非買不可」。

在銷售過程中，語言不只是溝通工具，更是說服與影響的核心武器。攻心，先攻語；成交，始於信任。本章讓你從話術初學者，成為心理銷售的實戰高手。

銷售必備的心機開場話術：吸引顧客的關鍵技巧

在銷售過程中，開場白的好壞直接影響顧客的注意力與後續反應。要在短短幾秒鐘內抓住顧客的注意，銷售人員可以根據顧客的需求和情境，巧妙運用以下幾種開場話術：

提及顧客最關心的問題

顧客最關心的是解決問題，因此，在開場時提出顧客可能正面臨的問題，有助於迅速建立連繫，激發顧客的興趣。

例如：「聽您的朋友提起，您現在最頭疼的是產品的廢品率很高，透過調整了生產流水線，這個問題還是沒有從根本上得到改善……」

談談雙方都熟悉的第三方

引入顧客熟悉的第三方，可以讓顧客產生認同感，從而讓他們更容易接受你的建議或提案。

例如：「是您的朋友王先生介紹我與您聯絡的，說您近期想添置幾臺電腦……」

讚美對方

適當的讚美可以增強顧客的自信，並且提升彼此之間的好感。然而，讚美必須真誠且具體，過分的奉承可能會引發反感。

例如：「他們都說您是這方面的專家，所以也想和您交流一下……」

提及顧客的競爭對手

競爭總能激發顧客的好奇心和警覺心。提到顧客的競爭對手能促使他們集中精力聆聽你接下來要說的內容。

例如：「我們剛剛和某某公司有過合作，他們認為……」

引起共鳴

提出顧客也可能認同的觀點，可以立即激起共鳴，從而提高銷售的順利進行。

例如：「很多人都認為當面拜訪顧客是一種最有效的銷售方式，不知道您是怎麼看的……」

用數據引發興趣

用具體的數字來證明你的產品或服務的優勢，可以快速吸引顧客的目光，並引發他們對增效的渴望。

例如：「透過增加這個設備，可以使貴公司的生產效率得到 50%的提升……」

提及時效性

時間限制往往能激發顧客的緊迫感，讓他們更願意迅速做出決策。

例如：「我覺得這個優惠活動能為您節省很多通話費，截止日期為 12 月 31 日，所以我覺得應該讓您知道這種情況……」

結論：根據情境靈活運用

銷售開場話術的成功與否，取決於如何根據顧客的需求、心態以及當下情境靈活運用上述技巧。掌握了這些話術，你可以在顧客心中留下深刻印象，進而推動銷售進程。始終保持積極開朗的語氣，並真誠關心顧客的需求，會讓你在銷售中事半功倍。

巧妙的心理暗示：提升銷售的祕密武器

心理暗示，當巧妙運用時，能在銷售中發揮驚人的效果。這種技巧的精髓在於反覆強調某個觀點或事實，直到顧客接受並將其內化為真實。無論是透過反覆的話語，還是透過多重渠道的提示，心理暗示都能在不知不覺中說服顧客，讓他們產生購買的欲望。

重複是最強的說服工具

為了讓顧客相信某個產品或服務的價值，銷售人員常常會不斷重複某些資訊，這種策略源自於「重複印象效應」。例如，一個產品被廣告反覆提及：電視、報紙、網路，每個平臺上都看到對它的高度評價，這會讓顧客不自覺地認為這個產品就是市場上最受歡迎的選擇。

一個經典的銷售手法便是這樣的排比句式：

「×× 是最棒的送禮產品。大家都說 ×× 很棒。聽說報紙今天有報導說 ×× 很棒。昨天電視新聞也講到 ×× 很棒。」

這樣的話語透過反覆傳達同一資訊，使顧客逐漸接受「×× 是最棒的選擇」的觀念。

利用「眾口鑠金」的力量

人類具有從眾心理，尤其是在多數人的一致行為中，顧客往往會覺得如果大家都在選擇某個產品，那它必定值得擁有。例如，當銷售人員提到「我們剛剛和某某公司有過合作，他們對這款產品給出了極高的評價」，這種話語會讓顧客對該產品產生更高的期待和信任。

「眾口鑠金，積毀銷骨」的道理在銷售中無處不在。當一個產品或品牌獲得了足夠的正面評價與反覆提及，顧客很自然地會對其產生認同感，進而做出購買決定。

用「反覆驗證」來增加信任感

舉例來說，在某些情況下，顧客可能對銷售人員的話語持懷疑態度，但如果多次有不同的來源來驗證同一個資訊，顧客便會開始相信。這也解釋了為何廣告會在不同的媒體平臺反覆播放。每一個不同來源的驗證，都是對顧客信任的加強。

例如，如果顧客聽到來自不同行業的專家對某個產品的推薦，或者朋友和社交圈裡也提到這個產品，那麼顧客的信任感便會大大增加。

利用心理暗示促使決策

銷售人員也可以利用「暗示語言」來巧妙引導顧客做出購買決定。透過提及顧客的需求或想法，並輕描淡寫地暗示他們的選擇是正確的，可以讓顧客感覺到他們已經做出了一個理智的選擇。

例如，銷售人員可以這麼說：「我知道您在尋找一款 CP 值高的產品，我們的產品正好符合您的需求，CP 值非常高，這是您理想的選擇。」

這樣的話語不僅暗示了顧客的選擇，還強化了他們的決策，讓顧客更容易相信這就是他們的最佳選擇。

長期重複，短期促使行動

心理暗示不僅僅局限於單次的推銷會話。實際上，持續的推廣與反覆的訊息傳遞會在顧客心中累積起強大的印象。許多成功的銷售策略正是建立在這種長期影響之上。為了達到最大的說服效果，銷售人員可以透過定期與顧客聯絡，並持續提醒他們產品的優勢與價值。

運用心理暗示打造銷售利器

總而言之，巧妙地使用心理暗示是銷售中非常有效的技巧。透過反覆的話語、從眾心理的運用，以及利用多重驗證和暗示語言，銷售人員可以在顧客的心中逐步植入正確的認知，最終促使他們做出購買決策。成功的銷售不僅是提供優質的產品，還要懂得如何巧妙地影響顧客的思維和行為，這樣才能在競爭激烈的市場中脫穎而出。

用讚美挽回客戶：銷售中的高明技巧

在銷售中，業務員的成功不僅取決於產品的優劣，更重要的是能否有效建立和維護與客戶的關係。其中，讚美是一個強大的工具，它能迅速縮短與顧客之間的距離，甚至幫助業務員挽回那些即將流失的顧客。

讚美的力量：心理需求的滿足

心理學家指出，人類天生渴望得到他人的重視與認可，而這一需求通常會在日常交往中表現出來。當業務員能夠觸及這一需求，並用真誠的讚美去表達時，顧客便能感受到自己被重視，從而更願意與業務員建立起良好的合作關係。

漢斯先生的巧妙應用

一個實際的例子中，漢斯先生成功挽回了即將失去的客戶。這位客戶曾因為未能如期交貨而對公司表示不滿，甚至決定停止合作。儘管此時顧客拒絕接聽電話，但漢斯先生並未放棄，他選擇親自前往紐約進行面對面的溝通。

當他走進顧客的辦公室時，沒有直接提及合同或交貨問題，而是先用讚美的語氣提起顧客的姓名。他說：「你知道你的姓名在布魯克林區是獨一無二的嗎？」這句話立即吸引了顧客的注意，並讓他們開始交談，隨後顧客談起了自己的家族歷史和企業成就。

這樣的讚美不僅拉近了彼此的距離，還讓顧客對漢斯先生產生了好感。隨後，漢斯先生在參觀工廠時再次讚揚了顧客的企業規模與管理，讓顧客感到自己的事業受到了認可與尊重。

最後，顧客不僅同意按期接收貨物，還主動提出請漢斯先生吃午餐，這一系列的對話和互動讓漢斯先生成功挽回了這個重要的客戶。

某科技公司業務員透過真誠讚美挽回客戶

背景：臺灣某科技公司主要供應電子零組件給各大廠商。某次，一位重要客戶因產品出現瑕疵，對公司表示強烈不滿，並考慮終止合作。

處理方式：

- 主動拜訪：該公司的業務員小張得知此事後，立即安排時間親自拜訪客戶，表達對問題的重視。

真誠讚美：在會面中，小張注意到客戶辦公室陳設典雅，牆上掛有多幅書法作品，便由衷地讚美道：「您的辦公室布置得真有品味，這些書法作品展現了深厚的文化底蘊。」

客戶聽後，露出微笑，表示這些作品是他多年來的收藏。

建立連結：小張順勢請教客戶對書法的見解，並分享自己對書法的興趣，雙方在輕鬆的氛圍中交流，拉近了彼此距離。

解決問題：在建立良好互動後，小張主動提及產品問題，真誠道歉，並提出具體的改進方案，承諾加強品質管控，確保未來不再發生類似問題。

客戶感受到小張的真誠與專業，不僅同意繼續合作，還表示期待未來有更多合作機會。

如何巧妙地使用讚美？

- 真誠且具體：讚美必須真誠，並且要具體。對顧客的產品、業務或人品給予具體而真誠的讚揚，而不是空洞的恭維。
- 避免過度誇大：過度的誇獎會讓顧客感覺到不真實，甚至產生反感。因此，讚美應該自然且不過於誇張。
- 關注顧客需求：了解顧客最關心的問題，並在讚美中觸及這些方面，能讓顧客覺得你真正了解他們的價值與需求。
- 適時給予肯定：在談話中適時給予顧客肯定，尤其是當他們表達出疑慮或困難時，及時的支持和肯定能讓顧客重新燃起信心。

用讚美挽回顧客

在銷售過程中，學會使用讚美的技巧不僅能改善顧客關係，還能有效地挽回即將流失的顧客。當業務員真誠地欣賞並讚美顧客時，這種情感的共鳴可以讓顧客感受到被重視和理解，從而降低他們的防備心，並促使他們做出購買的決定。因此，讚美不僅是建立信任的橋梁，也是銷售成功的催化劑。

介紹產品的技巧：
如何吸引顧客並激發購買欲望

業務員在銷售過程中，最重要的目標就是成功將產品推銷出去。如何讓顧客對你的產品產生興趣並最終購買，是一門藝術，且需要一些方法和技巧。以下是幾個有效的技巧，幫助業務員在介紹產品時取得成功。

了解顧客的需求

在與顧客見面之前，業務員應該充分了解顧客的背景與需求。這包括顧客所在行業、他們的偏好、興趣、家庭狀況、以往的消費習慣等。這樣做能幫助業務員在與顧客溝通時更加順利，避免尷尬的局面，並根據顧客的需求調整介紹產品的方式。例如，對於某些顧客，可以強調產品的功能性；對於其他顧客，則可能更注重產品的外觀或品牌價值。

吸引顧客的注意力

在介紹產品的過程中，首先要吸引顧客的注意力。這是讓顧客對你的產品產生興趣的第一步。業務員可以透過提問引起顧客的注意，並激發他們的好奇心。例如：

「您希望在下個季度內將您的營業額提高 30% 到 50% 嗎？」

「您知道一年內只花幾塊錢就可以防止失竊、火災和水災的方法嗎？」

這樣的問題能迅速引起顧客的注意，並讓顧客願意進一步了解你的產品。

強調產品的賣點與 CP 值

顧客了解產品的基本資訊後，價格將成為他們關注的重點。此時，業務員應該避免過度強調價格，而是應該突出產品的賣點與 CP 值。不同的顧客有不同的需求，對於一些顧客來說，品牌、便利性或創新性可能比價格更重要。業務員應該根據顧客的需求來強調產品的核心價值，例如：

- 產品的高性能
- 產品的長期經濟效益
- 產品的便捷性或易用性
- 產品的獨特功能或設計

這樣不僅能讓顧客看到產品的價值，也能幫助他們做出購買決定。

進行產品示範

俗話說，「百聞不如一見」，展示產品是銷售過程中至關重要的一環。業務員可以透過實際操作來展示產品的功能和特點，這樣能讓顧客更清楚地了解產品的價值，並提升他們的購買信心。在進行產品示範時，業務員應該根據顧客的需求調整展示方式，邊展示邊與顧客互動，詢問顧客的感受並解答他們的問題。例如，業務員可以問：

「您覺得這個功能如何？對您來說有幫助嗎？」

「您覺得這樣的設計能解決您在使用其他產品時遇到的問題嗎？」

這樣的互動可以加深顧客對產品的了解，並幫助顧客確認這款產品是否符合他們的需求。

使用道具和材料來增強展示效果

有些大型或難以攜帶的商品無法在顧客面前直接展示，這時業務員可以選擇攜帶產品說明書、模型或道具，來幫助顧客理解產品的功能和特點。例如：

- 如果是大型設備，業務員可以攜帶小型模型或照片，展示設備的工作原理。

◆ 如果產品的使用場景較為抽象，業務員可以利用圖示或實際案例來展示產品的應用。

這樣可以將產品的利益具體化、形象化，使顧客能夠更清楚地看到產品如何解決他們的問題，進而激發他們的購買欲望。

掌握銷售成功關鍵，五大技巧讓顧客主動買單

介紹產品的技巧和方法直接影響銷售的結果。業務員應該根據顧客的需求來調整推銷方式，從了解顧客的背景、吸引顧客的注意力、強調產品的賣點，到進行產品示範，每一個步驟都需要精心策劃和執行。透過這些方法，業務員能夠有效地提升顧客的購買欲望，促進銷售成功。

說服顧客的藝術：如何將「不需要」轉化為「必須擁有」

湯姆．霍普金斯，全球知名的銷售大師，曾經面臨過諸多挑戰。早期的失敗並沒有讓他放棄，反而激勵他深入學習心理學、公關學及市場學，並將這些理論結合到銷售技巧中。最終，他在房地產行業大獲成功，並參與了可口可樂、迪士尼等全球知名企業的銷售企劃。

其中最具代表性的故事便是他在一次採訪中，接受記者挑戰的情境——如何把冰賣給因紐特人。這一經典的銷售故事，向我們展示了如何打破顧客固有的思維框架，進而將一個看似無需求的產品推銷給顧客。

重點在於發掘顧客真正的需求

湯姆的成功之處在於，他並未正面去反駁因紐特人「不需要冰」的說法，而是巧妙地引導對方思考「看似免費」的冰所帶來的隱患。因紐特人生活在冰雪覆蓋的地區，的確冰是隨處可見的資源，但這些自然冰塊的品質無法保障顧客的健康，並且需要額外的勞動去清理和消毒。這一點讓顧客產生了對現有冰源的疑慮，並開始意識到北極冰塊所提供的衛生、乾淨的優勢。

湯姆·霍普金斯透過這種引導式的銷售方式，讓顧客從不需求到感受到切實的需求，這正是銷售過程中的核心技巧之一。當顧客意識到某一產品對他們有價值，即使他們原本不認為自己需要它，他們的購買決策也會發生轉變。

針對顧客的痛點進行推銷

在這個故事中，湯姆沒有硬推銷冰塊的價格或其他優勢，而是從顧客的痛點入手，逐步揭示他們所忽視的問題。這一策略不僅能夠改變顧客的認知，還能使他們覺得產品的價值遠超其價格。

湯姆的推銷技巧不僅限於產品本身，他更注重的是顧客的內心需求。當顧客開始質疑現有的解決方案時，銷售員就能以一種更加微妙且高效的方式，推動顧客做出改變。

成功的推銷是理解顧客心理的藝術

湯姆·霍普金斯的成功案例告訴我們，銷售並不僅僅是向顧客推銷一個產品，而是理解顧客的需求，並引導他們發現這些需求。無論顧客最初是否需要這個產品，銷售的目標應該是讓顧客認識到產品如何解決他們未曾察覺的問題，並使顧客感受到購買後的價值和益處。這種深度的理解與引導，正是每個銷售員都應該學習並實踐的技巧。

巧妙運用語言誘導，輕鬆說服顧客

語言誘導是一種強大的銷售技巧，當使用得當時，它能夠有效地吸引顧客的注意，激發他們的興趣，並促使他們做出購買決策。然而，要有效運用語言誘導，業務員需要了解如何在適當的時機使用正確的語氣、詞語和技巧。

確立明確的目的進行語言誘導

語言誘導必須有目的性。每一個誘導語句都應該指向一個具體的目標，這樣才能讓顧客在接受這些語言時，不僅聽進去，還能感受到其中的深層次含義。當進行銷售時，務必讓顧客知道為什麼他們需要這個產品，並且讓每一句話都服務於這個目標。

例如，你可以問顧客：「您希望在接下來的幾個月內提升銷售業績嗎？」這樣的問題不僅引起了顧客的興趣，還暗示他們可以透過購買你的產品來達到這一目標。

使用誘人的語氣引導顧客

語氣的選擇對於語言誘導的效果至關重要。即使說的話相同，不同的語氣會帶來截然不同的效果。要讓顧客感受到語言的誘惑性，業務員應該避免過於強硬或命令式的語氣，而應該使用輕柔、輕鬆的語氣，像是在與朋友交談，這樣顧客更容易放下戒心。

當語氣柔和且具有引導性時，顧客會更容易接納你的建議。比如，當你提出一個建議時，可以說：「我覺得這對您會很有幫助，您覺得呢？」這樣既不強迫，又能自然引導顧客思考並做出選擇。

適當使用時間詞語，創造決策氛圍

語言誘導中，一些與時間相關的詞語能夠幫助顧客形成強烈的決策氛圍。例如，「你準備什麼時候開始行動？」這句話暗示顧客已經做好了準備，並且即將進行決策。這樣的語言不僅減少了顧客的猶豫，還能讓他們感受到行動的迫切性。

同時，適當使用帶有假設的語言也能加強顧客的參與感。例如，「你想不想先體驗一下這個產品的效果？」這句話暗示顧客會有一個體驗的機會，並激起他們的興趣。

利用語言中的正向暗示

對於顧客的決策過程，語言中的暗示產生至關重要的作用。使用正向暗示能幫助顧客消除疑慮，增加他們的信心。

例如，「在您已經準備好之前，您會希望我們提供更多的資訊，這樣您能更好地做出決定。」這樣的語言不僅暗示顧客會做出選擇，還表達出你對他們決策的支持和理解。

此外，使用一些誘導顧客思考未來的詞語，如「想像一下，您明天使用這款產品時能省下的時間」，這樣能讓顧客看到購買後的積極結果，並促使他們做出購買決定。

語言誘導的藝術與實踐

語言誘導並非僅僅依賴語言本身的力量，而是要在正確的時機、以恰當的方式去引導顧客的思維。當語言的目標明確、語氣恰當、時間詞運用得當時，顧客會更容易接受並相信銷售員的建議。這樣的語言誘導不僅能幫助業務員成功推銷產品，還能讓顧客感受到被尊重和理解，最終達到雙贏。

巧妙提問，掌握顧客心理，推動銷售進展

在銷售過程中，提問不僅是一種簡單的溝通技巧，它還是掌控談話進程、理解顧客需求、消除顧客異議的重要工具。成功的銷售人員往往透過巧妙的提問來探索顧客的內心世界，確定他們的購買心態，並根據顧客的反應調整推銷策略。

透過提問了解顧客的需求和心理狀態

銷售人員的首要任務是理解顧客的需求，而最有效的方式就是透過提問。透過詢問關鍵問題，業務員可以引導顧客表達出他們的需求、疑慮或購買障礙。例如，你可以問顧客：「您覺得現在的產品能滿足您的需求嗎？」這樣的問題能促使顧客反思他們的真實需求，並幫助業務員確定銷售的重點。

利用提問引發顧客的自我思考

提問不僅能夠幫助業務員收集資訊，還能夠促使顧客進行自我反思，進而幫助顧客在無壓力的情況下做出選擇。有

效的提問會讓顧客從自己的角度去評估產品的價值和用途。問題的設計應該引導顧客的思考，例如：「您會覺得這個產品如何幫助您提高效率？」這類問題讓顧客思考產品的實際利益，並更容易做出購買決策。

解決顧客的異議，消除購買顧慮

在銷售過程中，顧客常會提出異議，這些異議可能來自價格、產品功能或使用上的不確定性。此時，銷售人員可以透過提問來引導顧客表達具體的異議內容，然後針對問題提供解決方案。例如，「您提到價格的問題，那麼如果我能幫助您理解這項投資報酬，您是否會改變看法？」這樣的問題能讓顧客具體化他們的顧慮，並給予銷售人員機會進行針對性的解釋。

利用提問維持顧客的興趣與專注

銷售過程中，顧客的注意力可能會隨著時間流逝而降低。為了讓顧客保持對話題的興趣，業務員需要巧妙地設計問題來引導顧客回到銷售話題上。例如，在顧客表現出冷漠或疲倦時，可以問：「這個產品對您是否仍然有吸引力？如果有，我們可以繼續聊聊它如何幫助您的業務。」這樣的問題不僅能重新激發顧客的興趣，還能維持對話的熱度。

引導顧客做出購買決策

隨著銷售過程的推進，銷售人員應該利用提問技巧將顧客的思考引導至購買決策上。例如：「您認為這個選擇對您的需求來說是最合適的嗎？」這樣的問題能夠暗示顧客他們即將做出選擇，並鼓勵他們做出積極的決策。

提問是推動銷售的關鍵工具

總之，提問是一種強有力的工具，能夠幫助銷售人員掌握顧客的需求、理解顧客的心理狀態、消除顧客的疑慮，並且推動銷售進程。銷售人員應該運用巧妙的提問技巧，掌控對話的方向，逐步引導顧客進行購買決策。有效的提問不僅能讓顧客感受到尊重和理解，還能使他們在輕鬆的氛圍中做出決策，從而實現成功的銷售。

銷售人員提問顧客必須掌握的基本方式

在銷售過程中，提問是一種強有力的工具，它能幫助銷售人員了解顧客需求、消除疑慮並促進交易。了解並運用不同的提問方式可以有效地引導顧客思考、建立信任並最終達成銷售目標。以下是銷售人員提問顧客時應掌握的幾種基本方式。

主動式提問

主動式提問是指銷售人員根據自己對顧客需求的判斷，提出具有引導性的問題，通常顧客會給出明確的回答。這種提問方式可以幫助銷售人員快速了解顧客的基本需求，並在此基礎上進一步推進銷售進程。

範例：

業務員問顧客：「現在的洗髮精不但要洗得乾淨，而且還要有一定的護髮功能才行，是吧？」

顧客回答：「是的。」

業務員接著問：「為了能夠護髮養髮，就要合理的利用各種天然藥物的作用，從而在洗髮的同時做到護髮養髮，這種具有多種功能的洗髮精您願意用嗎？」

顧客回應：「願意。」

如果顧客對某一方面有疑慮，業務員可以進一步提問，了解顧客具體的需求或顧慮，並在此基礎上調整銷售策略。

反射性提問

反射性提問，亦稱重複性提問，是透過重複顧客的觀點或語言來幫助確認顧客的意圖或想法。這樣的提問不僅能促使顧客進一步思考，還能強化銷售人員與顧客之間的互動，讓顧客感到被理解和尊重。

範例：

「你是說你對我們所提供的服務不太滿意嗎？」

「你的意思是，由於機器出了問題，給你們造成了很大的損失，是嗎？」

這樣的問題讓顧客有機會重新表達他們的看法，從而幫助業務員澄清顧客的疑慮。

指向性提問

指向性提問使用具體的問題來了解顧客的基本事實或情況，這些問題通常以「誰」、「什麼」、「為什麼」等疑問詞開頭。這種提問方式有助於確定顧客的需求和背景，為後續的銷售策略提供依據。

範例：

「你們目前在哪裡購買零件？」

「誰在使用影印機？」

「你們的利潤制度是怎樣的？」

這樣的問題有助於業務員了解顧客的現狀，從而針對性地介紹自己的產品或服務。

細節性提問

細節性提問的目的是促使顧客深入表達他們的想法和需求。這類問題要求顧客提供具體的資訊，並有助於挖掘顧客的核心需求。

範例：

「請你舉例說明你的想法可以嗎？」

「請告訴我更詳細的情況，好嗎？」

這些問題能讓顧客提供更多具體的資訊，有助於業務員進一步了解顧客的需求或顧慮。

損害性提問

損害性提問旨在幫助顧客意識到他們當前使用的產品或服務存在的問題，並為新產品的推銷提供切入點。然而，這類提問需要謹慎使用，以免激怒顧客或引起反感。

範例：

一位影印機業務員問潛在顧客：「聽說你們當前使用的這種影印機影印效果不太好，字跡常常模糊，是嗎？」

這樣的問題讓顧客感受到問題的存在，並為介紹更好的產品提供契機。注意提問的語氣要委婉，避免過於直接或強硬的語氣。

結論性提問

結論性提問是根據顧客的反應和所提問題，推導出結論或指出問題的後果。這類問題有助於顧客明確意識到自己的需求，並促使他們做出購買決策。

範例：

當顧客回答問題後，業務員可以接著問：「用這樣的影印機印製廣告宣傳資料，會不會影響宣傳效果？」

這樣的問題讓顧客考慮到不選擇該產品的後果，並能促使顧客做出購買決策。

提問是銷售的關鍵技巧

提問在銷售中發揮著至關重要的作用。銷售人員透過巧妙的提問，不僅能掌握顧客的需求和心理狀態，還能有效推動銷售進程。無論是主動式提問、反射性提問，還是其他形式的提問，銷售人員都應根據顧客的反應靈活調整提問方式，從而實現銷售目標。

第五章
「攻心為上」：
因人而異的銷售心理戰術

在銷售的戰場上，「一套話術打天下」早已不合時宜。真正能打動顧客、實現成交的關鍵，是因人而異的心理判斷與策略運用。每一位顧客的年齡、性別、職業、生活背景都可能影響其購買動機與決策邏輯，唯有掌握這些心理差異，才能做到精準對話、有感行銷。

本章將帶你深入不同消費族群的心理世界，從兒童與青少年的從眾心理、年輕人的情感驅動與風格追求，到銀髮族的實用需求與信賴感建立，逐步拆解各族群背後的購買邏輯。同時也將分析男女消費差異、職業背景對購買傾向的影響，並提供相對應的銷售策略與說話技巧。

銷售的本質不是推，而是懂；不是說，而是聽。當你懂得對方在乎什麼，就能真正走進顧客的心裡，打開通往成交的大門。這一章，讓你掌握「攻心為上」的實戰心理地圖。

了解顧客心理，對症下藥

銷售活動是雙方互動的過程，其中顧客是銷售過程的核心，了解顧客的心理特徵對銷售人員來說至關重要。透過對顧客心理的深入了解，銷售人員可以更加精準地應對顧客的需求，從而提高銷售的成功率。以下將介紹顧客心理的主要特徵及銷售人員如何根據這些特徵進行有針對性的銷售。

顧客心理的多樣性

顧客的心理需求具有極大的多樣性。每位顧客在購買商品時，受其年齡、性格、文化背景、生活習慣等多方面因素影響，對同一類產品或服務的需求和偏好也有所不同。例如：

- 有些顧客注重產品的實用性，偏好物美價廉的商品。
- 另一些顧客則可能更在意品牌的知名度，對價格並不敏感。
- 還有顧客注重時尚和新穎性，會選擇符合當前流行趨勢的商品。
- 一部分顧客則可能偏好傳統、經典的風格。

銷售人員應根據顧客的不同需求來調整銷售策略，為顧客提供量身定制的解決方案。這樣不僅能吸引顧客的注意力，也能增加產品的吸引力，從而提高成交率。

顧客心理的複雜性

顧客的購買心理是由多重因素綜合作用的結果。在購買過程中，顧客的情緒、需求、外部環境等因素可能會交替發揮作用，進而影響他們的購買決策。有時，顧客即使已經決定購買，仍可能因為某些外部因素的影響而改變決定。

例如，一位顧客可能剛剛非常滿意一款商品，並準備付款，但突然感覺到商品的某個細節或價格不再符合預期，導致他改變心意。這種情況表明顧客的心理非常複雜，且充滿變數。

因此，銷售人員在與顧客溝通時，要注意辨識顧客的主導心理，並根據顧客的情緒變化調整銷售策略。透過耐心傾聽顧客的需求和顧慮，針對性地解決問題，能有效促進顧客做出購買決策。

顧客心理的可變性

顧客的購買心理是多變的，並會受到各種內外部因素的影響。例如，廣告的吸引力、競爭產品的對比、價格優惠等，都可能改變顧客的心理狀態，進而影響他們的選擇。

顧客的選擇不僅受到情感因素的影響，也受到市場趨勢、產品特性和個人需求等多方面因素的作用。銷售人員需要靈活應對這些變化，及時調整銷售策略。

例如，如果顧客對價格過於敏感，銷售人員可以強調產品的長期價值和高 CP 值，讓顧客看到更多的購買價值。如果顧客對產品的外觀、設計或功能有疑慮，可以針對性地展示這些方面的優勢，幫助顧客解除顧慮。

掌握顧客心理，打造精準銷售策略

了解顧客的心理特徵，對症下藥是銷售成功的關鍵。顧客的心理具有多樣性、複雜性和可變性，銷售人員需要根據顧客的需求、情緒和偏好，制定出針對性的銷售策略。透過不斷調整策略，銷售人員可以有效地掌控銷售過程，從而達成銷售目標。

兒童及青少年的消費心理：從比較到追隨潮流

兒童及青少年，儘管尚未擁有收入來源，但其消費力卻不容小覷，因為他們的購買力常常來自於家長的支持。在現今社會，兒少對商品和服務的需求日益增長，這使得商家不得不更加注重兒少消費心理的研究。從包裝設計到品牌偏好，兒少的消費行為反映了多種心理因素。以下是兒童及青少年消費心理的主要特徵：

商品外表吸引力

由於年齡較小的兒童對商品的性能等方面了解較少，他們往往根據商品的外觀來判斷是否喜歡。因此，包裝設計對兒童商品來說至關重要。商家通常會在商品包裝上花費大量心思，使用鮮豔的顏色、可愛的圖案以及引人注目的設計來吸引兒童的注意。

互相比較的心理

兒童之間有強烈的比較心理，他們會將自己擁有的商品與同伴擁有的商品進行比較。這種比較心理使得他們對市場上的各種商品充滿好奇，並且會在比較後做出選擇。例如，一個孩子可能會看到同學擁有一款新玩具，並開始要求家長購買類似的玩具。

從眾心理

兒童的消費行為深受同伴影響，尤其是在 5 ～ 9 歲的年齡階段，對於飲料、糖果、衣服和玩具的選擇極易受到同伴影響。這種從眾心理使得商家可以透過集體促銷、組團購物等方式，進一步激發兒童的購買欲望。對於兒童來說，同儕之間的影響力遠超家長的選擇，因此商家需要利用這一點來制定行銷策略。

開始追求流行

到了 7 ～ 14 歲的青少年階段，消費觀念發生變化。他們不再僅僅依賴家庭的影響，而是更多地受到團體、族群及同齡人影響。在這一階段，青少年會開始追隨流行，對某些品牌、款式或商品產生興趣。這時，廣告、社群媒體以及明星效應在青少年的購買決策中發揮著重要作用。

品牌認知的初步形成

隨著年齡的增長，青少年對商品的認知逐漸深入。他們開始區分商品的品牌、產地、品質等因素，並逐步形成品牌偏好。例如，青少年可能會對某些品牌的運動鞋、衣物或文具產品產生認同感，並形成「認牌購買」的習慣。這時，品牌的影響力開始顯現，商家需針對這一心理特徵進行有效的品牌行銷。

兒少消費心理解析：打造精準行銷策略，搶占未來市場

了解兒童及青少年的消費心理，並根據他們的需求與行為特徵來設計產品和行銷策略，對於企業來說至關重要。兒童及青少年的消費行為是多樣、複雜且充滿變化的，商家應該密切關注這些心理特徵，從而有效吸引和引導兒少及其家長的購買決策。

年輕人的消費心理：時尚、個性與情感驅動

年輕人的消費行為受到其內在心理因素的強烈影響，與其他消費族群相比，具有獨特的心理特徵。隨著時代的發展和消費市場的多元化，年輕人成為了推動市場變革的重要力量。根據我們的問卷調查結果，年輕人在消費時主要表現出以下幾種心理特徵：

追求新穎與時尚

年輕人對新事物充滿渴望，對科技產品尤其有高度的接受度。他們熱衷於追求與時俱進的產品，從而顯示自己在社會中的前沿位置。例如，許多年輕人首批購買新上市的電子產品，尤其是與高科技相關的產品，如手機、電腦等。這使得年輕人成為新產品的帶頭人和潮流的引領者。他們對新產品的高興與對品牌的忠誠，往往能夠迅速影響到其他年齡層的消費者，推動市場進入一個新的時尚浪潮。

崇尚品牌與名牌

隨著社交圈的擴大，年輕人更加注重品牌的價值與象徵意義。他們希望在群體活動中展現自我價值，而名牌商品成為一種自我表達和社會地位的象徵。調查顯示，接近一半的年輕人選擇購買產品時，會首選品牌產品，並認為「要買就買最好的」。這一現象表明，年輕人對名牌的偏愛遠超於對價格的考量，他們更看重的是品牌背後所代表的品質和自我認同。

突出個性與自我表現

年輕人處於人生的過渡期，自我意識日益強烈，渴望表現獨立與個性。他們不僅追求產品的實用性，更加注重商品能夠展現其獨特風格和個性。無論是在服裝、配飾還是其他商品的選擇上，年輕人總是希望能夠透過商品來展現自我特色。特別是時尚商品，成為年輕人表現自我風格的首選。隨著消費觀念的成熟，年輕人對商品的需求已經從傳統的實用需求轉向個性化需求，這也是許多品牌在推向年輕市場時所倚重的策略。

注重情感與直覺

年輕人在消費過程中，情感和直覺往往產生主導作用。他們的購買決策常常基於情感的驅動，選擇外型漂亮、設計吸引的商品，而較少考慮價格或內在品質的問題。尤其在與商品的互動過程中，他們會根據情感產生購買欲望，這一點在時尚、化妝品等行業中尤為明顯。當理性思維與感情發生衝突時，年輕人通常更願意聽從自己的直覺和感受，這也是他們消費行為中最具特色的部分。

市場策略：創新、品牌與個性化

為了吸引年輕消費族群，企業必須在創新、品牌塑造以及個性化服務上做好準備。年輕人對新穎、科技感十足的產品有著天然的興趣，企業應該不斷推出符合潮流的產品，並利用先進技術和設計創新來打破傳統市場的藩籬。此外，強化品牌形象，打造具有文化和情感價值的品牌，對於年輕人而言更具吸引力。

個性化產品也是吸引年輕消費者的一大法寶。隨著客製化消費的興起，年輕人對具有獨特設計、定制化的商品需求逐漸增長，這不僅是因為其品質的保證，更重要的是這些商品能夠表現出他們的個性和獨特品味。

抓住年輕人的心：探索新世代消費心理與行銷策略

年輕人的消費行為具有強烈的個性化和情感化特徵，他們在消費中更加追求時尚、品牌、創新及自我表現。企業要想在競爭激烈的市場中脫穎而出，必須深刻理解年輕消費者的需求，並透過創新產品、品牌塑造以及個性化服務來吸引這一消費族群。成功的關鍵在於滿足年輕人對新鮮感、獨特性和情感共鳴的需求，才能在未來的市場競爭中贏得優勢。

銀髮市場的崛起：解讀老年消費心理與市場機遇

隨著人口高齡化的加劇，老年人族群的消費力逐漸上升，成為市場上一個巨大的潛力區。理解老年人的消費需求，特別是其獨特的心理需求，對於企業在這一市場中獲得成功至關重要。從他們的生活狀況和需求出發，老年人的消費心理可分為以下幾個方面：

健康需求

隨著年齡增長，老年人對健康的重視達到前所未有的程度。他們常有對疾病、衰老和死亡的恐懼，這促使他們尋求一切能夠保障健康的產品和服務。保健食品、運動器材、健康檢查、老年專用藥品以及其他促進身心健康的商品成為老年人消費的重點。此類商品的銷售重點在於強調其能改善健康狀況，提升生活品質，因此，面向老年人的產品應該關注其對健康的實際幫助。

工作需求

雖然進入老年，許多老年人已經退休或因病休養，但他們往往仍然擁有工作能力和學習的需求。對於這部分人群，提供靈活的工作機會或學習平臺有助於促進其身心健康並維持積極的生活態度。即使他們的正式工作已經結束，仍然希望能夠參與社會活動、學習新技能，或者在家庭中發揮重要作用。因此，提供老年人兼職工作、在線學習、社交活動等服務，有助於他們維持生活的動力與滿足感。

依存需求

隨著年齡增長，老年人容易感到孤獨與依賴。他們渴望與家人、朋友的交流，並希望能夠得到家庭成員的關心與照顧。此需求涉及到老年人對家庭、子女、社會照顧的需求，尤其在健康狀況下降時，對情感支持的渴望尤為強烈。企業可以透過推出專為老年人設計的社交平臺、居家照護服務等來滿足他們的依存需求。

和睦需求

對許多老年人來說，和睦的家庭和融洽的社交關係是生活品質的重要指標。老年人對家庭和睦的需求尤為明顯，儘管年輕人和子女的忙碌可能使得老年人的需求被忽視，但他們更渴望關心和尊重。對於企業來說，理解並促進家庭和諧的產品和服務將有助於滿足老年人的這一需求。

安靜需求

大多數老年人喜歡安靜的生活環境。許多老年人在家庭或社區中面對喧鬧、混亂時感到不適，尤其是周末或節假日家中兒孫過來時，可能會感到壓力和不安。企業可以針對老年人的安靜需求，提供更加平和、無干擾的消費體驗，如安靜的娛樂設施、針對老年人設計的產品包裝等，從而讓他們在消費過程中感到舒適和安心。

支配需求

隨著年齡的增長，老年人在家庭和社會中的地位可能發生變化，這會使得他們感到失落或困惑。很多老年人仍希望保持一定的自主性和家庭中的決策權，這與他們對社會地位和家庭地位的渴望密切相關。企業可以透過提供能夠讓老年人主動參與決策的產品，如智慧家居產品、個性化定制服務等，來滿足其支配需求。

尊敬需求

老年人在退休後經常會面對一種身分和地位的轉變，這可能會導致自卑情緒或心理困擾。許多老年人在退休後會覺得自己不再受到社會的尊重，因此他們極需來自家庭、社會和周圍人的尊重和認同。企業可以透過推出具有高端品質、富有文化內涵的產品來提升老年人自尊心，並透過積極的市場行銷手段，彰顯其在社會中的價值。

坦誠需求

老年人容易多疑、擔憂，且希望他人對他們更加誠懇與直白。在與他們交流時，銷售人員應該直接且真誠，不要避重就輕或轉彎抹角。這樣不僅能提高老年人對產品的信任，還能促進銷售的成功。

從健康到情感價值，企業如何滿足老年消費者的多元需求

總結來看，老年人的消費心理主要受健康、情感、家庭和自我實現等多重需求的驅動。理解這些需求並提供適合的產品和服務，能夠有效抓住這一市場的商機。隨著老年市場

的潛力逐漸被發掘，企業應該更加重視老年消費者的需求變化，並創新推出符合他們需求的產品與服務，以便在激烈的市場競爭中占據有利地位。

女性顧客消費心理：實用性與品牌品質為核心需求

女性消費者是現代市場中至關重要的一個群體，對商品和服務的需求直接影響著市場走向。根據一項網路調查顯示，女性在家庭消費中占主導地位，不僅支配家庭消費的決策，還在許多情況下決定其他家庭成員的消費需求。因此，理解女性顧客的消費心理，對於企業在激烈競爭中脫穎而出至關重要。女性消費的心理特徵主要展現在以下幾個方面：

商品需求面較大

由於長期的性別分工，女性通常負責家庭中的日常支出，因此她們的商品需求範圍非常廣泛。無論是家庭日常用品、兒童學習用品還是送禮等需求，女性顧客都具有極大的購買潛力。此外，女性的審美觀常主導社會消費潮流。隨著年齡層的不同，女性的消費觀念也逐漸變化，年輕女性更多的是跟隨潮流和時尚，而年長的女性則較為注重實用性和價值。

購買前期的仔細考慮

女性顧客在做出購買決策時，通常會比男性花更多時間進行考慮。她們會從多個角度分析產品，包括實用性、價格、品牌、品質及售後服務等，這也解釋了為何女性在購物過程中會經常進行對比。女性通常會設置購物目標，並徵求親朋好友的意見，來幫助自己做出最合適的決定。她們的購物行為充滿了理性與感性的結合，這也是為何女性往往被認為是「理智消費者」的原因。

購物時的「橫挑豎選」

女性顧客在購物時，通常會經歷較長的挑選過程，並且對各種選項進行仔細比對。這一過程可能會反覆進行，直到找到最符合自身需求的產品。她們會對產品的各個方面都進行關注，從包裝到功能，再到售後服務，都會進行詳細的了解和評估。在這一過程中，業務員需要保持耐心，尊重女性顧客的選擇時間，避免催促她們做決定。

對品牌和品質的高度重視

女性顧客在購買商品時，往往會更注重品牌和產品的品質。她們認為名牌代表著高品質和信譽，而這也是她們做出消費決策的重要依據。隨著社會發展，女性不僅僅是追求外觀上的美麗，更多的是對內在品質和功能的需求。因此，在銷售中強調品牌的價值和商品的優勢，能夠有效吸引女性消費者的注意。

促銷和優惠對購買決策的影響

促銷活動對女性顧客的購買行為有顯著影響。即使某些產品並非她們的購物目標，但在優惠或折扣的吸引下，女性顧客仍然會產生購買衝動。這一點在各類市場促銷中尤為明顯，因此企業在設計銷售策略時，可以透過優惠活動來激發女性顧客的購買欲望。

高度關注售後服務

女性顧客在購物後，對產品的售後服務往往比男性更為關心。她們希望購買的商品能夠得到充分的保障，不僅關心產品品質，還會考慮退換貨政策、保固服務等。因此，為女性顧客提供完善的售後服務，能夠增強她們的購買信心，並提升品牌忠誠度。

女性顧客消費的成功關鍵

總結來說，女性顧客的消費行為主要受到實用性、品牌品質和情感因素的驅動。在銷售過程中，企業應針對女性顧客的需求，提供高品質的商品、強調品牌價值、提供優惠活動和完善的售後服務，並且尊重她們在購物過程中的選擇和考慮時間。透過精準的市場定位和銷售策略，企業能夠更好地吸引並滿足女性顧客，實現業績的穩步成長。

男性顧客消費心理：理性決策與簡單需求

男性顧客的消費心理相對女性來說，更加理性和直接。他們的消費行為和購物動機往往受到簡單需求的驅動，與情感、社會影響等因素相比，對於實際需求和產品功能的關注更為突出。以下是男性顧客消費心理的幾個主要特徵：

消費金額相對較大

男性在消費過程中，通常會承擔較大金額的支出。在家庭中，大型開支決策一般由男性主導，而在工作環境中，尤其是對於企業的消費，大多數也由男性負責決策。這意味著在高價位商品或大宗消費上，男性顧客的影響力相對較大。因此，男性顧客往往會進行較為理性和有計畫的消費。

消費理性化

男性顧客的購物行為通常會圍繞實際需求和產品性能來決定。在選擇商品時，他們會關注產品的實際功能、品質和 CP 值，而不太會受到品牌或情感因素的影響。他們更偏好符合需求且具備高效能的產品，而非單純追求外觀或流行度。

因此，在銷售過程中，如果能夠突出產品的實用性和性能，通常會更容易贏得男性顧客的青睞。

消費過程較為獨立

男性顧客往往有較強的自尊心，因此他們在購物時更傾向於依據自己的判斷做出決策，而不太會受到他人意見的左右。這使得男性顧客在購物過程中表現得相對獨立，往往不會過度依賴銷售人員的推廣介紹或建議。這也意味著在銷售過程中，銷售人員要更加注重提供直接、有說服力的資訊，而不是過度推銷或施加壓力。

購物決策較為迅速

男性顧客通常不喜歡長時間挑選商品。在購物過程中，他們往往會根據簡單的標準快速篩選出滿足需求的產品，並迅速做出購買決定。這一過程中，男性顧客的情感因素較少，他們更關心產品是否符合需求、功能是否有效等實際問題。因此，銷售人員在面對男性顧客時，應避免過度冗長的介紹，應該簡潔明瞭地突出產品的功能和優勢。

購後較少後悔

男性顧客在購買商品後，通常不會對自己的決定感到後悔。與女性顧客相比，男性在消費後的退換貨需求較少。這表明，男性在購物時更加自信和果斷，並且對自己做出的選擇較為滿意。因此，在銷售中，提供一個清晰的購買理由和良好的產品展示對於男性顧客至關重要。

男性消費心理剖析：理性決策與需求導向

總結來說，男性顧客的消費行為以理性、需求導向為特徵。他們在購物時注重產品的實用性、性能和 CP 值，並且購買決策通常較為迅速。在與男性顧客的互動中，銷售人員應避免過度推銷，應簡單明瞭地突出產品的實際價值，並尊重他們的獨立決策。理解這些心理特徵，能幫助企業更好地針對男性顧客進行行銷，從而提升銷售業績。

職業與消費心理：不同職業顧客的購買行為

顧客的職業對其消費行為和心理具有顯著影響。不同職業的顧客在購物時會根據其職業特點，展現出不同的需求和消費模式。了解這些特點能幫助行銷人員針對性地調整銷售策略，提升銷售成功率。以下是不同職業顧客的消費心理分析：

專家型顧客

- 心理特徵：積極、開放，對決策較快，並清楚了解交易細節。
- 銷售策略：對專家型顧客應該提供詳細的產品資訊，並以稱讚他們的專業背景或成就來建立信任，激發其購買動機。

企業家型顧客

- 心理特徵：心胸開闊，積極，善於快速決策並具有很高的自尊心。

- 銷售策略：對企業家型顧客，應該專注於商品的增值潛力，並藉由誇讚其事業成就來激發購買欲望，並提供實用的商業價值解釋。

經理人型顧客

- 心理特徵：聰明且有計畫，態度自信，但容易顯得傲慢。
- 銷售策略：在與經理人型顧客溝通時，應謙虛且專業，強調產品的優勢，並避免過度施加壓力，讓他們根據自己的判斷來決策。

公務員型顧客

- 心理特徵：謹慎保守，對未知事物懷有防範心理，常需要外界的支持與認可。
- 銷售策略：應該採取較為保守的推銷策略，逐步引導他們了解產品的好處，並給予適當的推動與鼓勵。

工程師型顧客

- 心理特徵：理性、分析，偏好對產品進行詳細研究，並追求技術性、性能上的優越性。

- 銷售策略：對這類顧客，應提供專業且技術性的產品資訊，詳細解釋產品的特點，並尊重其理性判斷。

醫師型顧客

- 心理特徵：保守且注重知識，對產品的信任建立在充分了解其價值的基礎上。
- 銷售策略：與醫師型顧客溝通時，應強調產品的專業性和科學根據，並且應該謹慎、尊重他們的專業知識。

警官型顧客

- 心理特徵：疑心重，對細節挑剔，常需大量證據來確定商品的價值。
- 銷售策略：應耐心聆聽警官型顧客的問題，並提供詳盡的證據來解答疑慮，同時激發其自尊心和職業榮譽感。

大學教授型顧客

- 心理特徵：理性、謹慎，對新資訊充滿好奇，但需時間來消化和評估。

- 銷售策略：與大學教授型顧客交流時，應注重知識性與理性分析，強調產品的學術價值或研究背景，並尊重其深思熟慮的過程。

銀行職員型顧客

- 心理特徵：謹慎、保守，注重產品的實際價值及長期回報。
- 銷售策略：對銀行職員型顧客，應提供系統化的資料、細節，並強調風險控制和長期價值。

普通職員型顧客

- 心理特徵：關注家庭生活與基本需求，傾向於實用且 CP 值高的商品。
- 銷售策略：應該強調產品的實用性、耐用性以及 CP 值，讓他們感受到實際的經濟效益。

護理師型顧客

- 心理特徵：有強烈的自尊心和責任感，對生活有積極的態度。

◆ 銷售策略：與護理師型顧客互動時，應該表達對其職業的尊重，並強調商品的實用性和對其生活品質的提升。

商業設計師型顧客

◆ 心理特徵：具有獨特的視角和創意需求，追求個性化和時尚性。
◆ 銷售策略：應突出商品的設計感與創新性，並強調如何滿足他們對美學和風格的需求。

教師型顧客

◆ 心理特徵：理性、保守，善於表達自己的看法，並需要深入了解商品。
◆ 銷售策略：與教師型顧客溝通時，應展示出產品的教育價值或學術背景，並尊重其對細節的重視。

退休工人型顧客

◆ 心理特徵：對未來感到擔憂，消費較為保守。
◆ 銷售策略：應當展現出對他們情感和經濟狀況的理解，並提供具有實際價值的商品，強調長期節省和回報。

農夫型顧客

- 心理特徵：保守、獨立，對商品有較高的信任度和實用需求。
- 銷售策略：應透過真誠的介紹，突出商品的實用性、耐用性，以及對其日常生活的幫助。

行銷人員型顧客

- 心理特徵：具有敏銳的市場洞察力，注重商業機會。
- 銷售策略：與行銷人員型顧客互動時，應強調商品的市場優勢和潛力，並展示自己對市場趨勢的深刻理解。

精準行銷：不同職業顧客的消費心理與購買行為：

了解不同職業顧客的消費心理對於行銷人員來說至關重要。每個職業群體都有其獨特的消費特徵和需求，針對性地調整銷售策略，能夠提高銷售成功率並加強顧客的信任感。

不同消費族群的心理特徵與銷售策略

消費者的職業、收入、文化背景等因素會深刻影響他們的消費行為與心理。不同的消費族群有不同的需求和消費模式，對銷售人員而言，掌握這些消費心理可以更有效地引導消費行為，提高銷售成功率。以下是根據經濟收入與文化教育水準劃分的幾大消費族群分析：

根據經濟收入劃分

小康型族群

消費特徵：該族群的消費心理較為高端，追求感官享受和品質生活。他們注重健康、時尚、舒適，喜歡購買名牌商品和高品質產品來展示自己的社會地位和生活品質。他們的消費行為往往與自我實現和個性表達密切相關。

銷售策略：針對小康型族群，銷售人員應強調產品的高端品質、品牌價值和品味，突出其符合他們生活方式的特點，並滿足他們對美感、舒適性和自我表現的需求。

中等型族群

消費特徵：這部分顧客的消費心理較為穩定，對 CP 值的要求較高，既不會過於奢侈，也不會過於節儉。購買時，他們通常會考慮商品的實用性與價格是否合理，並會受促銷活動影響較大。

銷售策略：對中等型族群，銷售人員應強調產品的實用性、CP 值以及對日常生活的實際幫助，並提供適當的促銷活動來吸引他們。

貧困型族群

消費特徵：此族群的消費需求主要集中在基本生活必需品上，消費範圍有限，且有較強的節儉心理。他們的購買行為受經濟壓力較大，對價格特別敏感，且往往會因為資金的限制而做出妥協。

銷售策略：針對貧困型族群，銷售人員應著重介紹商品的基本實用性，強調價格的合理性及其 CP 值，並儘量提供更多的優惠和分期付款等選擇。

根據文化教育水準和知識技能劃分

知識族群

消費特徵：這一族群通常受教育程度較高，對產品的知識性、技術性要求較高。他們的消費行為更注重品質和服務，對品牌和企業的社會責任有較高要求。這類顧客較少受到情感驅動，更多的是理性思考。

銷售策略：銷售人員應強調產品的高技術含量和專業性，展示其如何滿足知識族群對提升自身職業或個人能力的需求，並提供詳細的產品資訊和使用案例來支持他們的選擇。

半知族群

消費特徵：這類顧客通常有一定的專業技能，但學歷或收入較知識族群有所區別。他們的消費行為相對保守，會在實用性和價格之間尋找平衡。

銷售策略：對於半知族群，銷售人員應該提供清晰且具體的產品介紹，並重視產品的實用性和 CP 值。此外，向他們提供實際案例或同類型顧客的使用經驗，可以幫助他們更快做出決策。

粗知族群

消費特徵：這部分顧客的消費心理較為衝動，購買時主要依賴感性因素，對商品的認知較為簡單，較少關注產品的深層次特性，購買行為多受到情感和直觀的影響。

銷售策略：針對粗知族群，銷售人員可以更加注重情感訴求和直觀感受的引導，透過簡單易懂的產品展示、情感化的行銷方式來吸引他們。

消費族群的共通特徵：從眾心理

不論是哪一類消費族群，從眾心理都是一個普遍的現象。人們常常會根據社會或同齡人的消費行為來決定自己的購買選擇。因此，銷售人員在推銷產品時，可以藉助群體效應，如促銷活動、群體推薦等來提升銷售效果。

精準掌握不同的消費心理：制定有效銷售策略

理解消費族群的消費心理，根據不同族群的需求來調整行銷策略，能有效提升銷售的成功率。每個消費者都有其特定的需求和消費方式，銷售人員需精確辨識目標客群的特徵，針對性地設計銷售方案，讓顧客在購買過程中感受到滿足和愉悅，從而達成交易。

第六章
破譯顧客心理密碼：銷售成功的七大黃金定律

頂尖業務與普通銷售的差距，往往不在努力程度，而在是否掌握心理與行為背後的運作邏輯。銷售從來不是靠運氣，而是有規可循、有法可依。本章將揭示七個影響深遠的銷售心理定律，幫助你跳脫傳統銷售思維，進入更高層次的策略操作。

從長尾理論幫助你挖掘冷門但持久的市場潛力，到斯通定律教你如何將一次次的拒絕轉化為成交的鋪墊；從運用二選一定律引導顧客決策，到歐納西斯法則啟發你提前佈局、走在市場之前；每一條定律都是來自實戰的智慧，能幫助你精準破譯顧客的心理密碼。

此外，本章還將帶你理解 250 定律背後的隱性關係網，以及如何透過伯內特定律進行品牌與心智佔位。銷售不是話多就能贏，而是要懂得用對邏輯、出對牌。這些黃金定律，將是你從平庸走向專業的底層工具箱。

長尾理論：
發掘市場潛力，打破傳統銷售法則

長尾理論提出，市場上大量的非暢銷商品或客群，合併起來所創造的銷售額可能會超過那少數熱銷商品或客群的總和。這一理論顛覆了傳統的二八定律，即 80%的收入來自 20%的顧客。實際上，隨著市場多元化，長尾市場的重要性日益增加。

長尾理論強調，儘管一些熱門商品或客群帶來的收入占比很高，但那些在市場上相對較冷門的商品或客群，透過大量累積後，能夠帶來與熱門商品相媲美甚至超過的總銷售額。這個理論不僅適用於商品銷售，也適用於顧客關係的維護。

二八定律的限制

傳統的二八定律告訴我們，80%的利潤來自 20%的顧客，這促使許多行銷人員過度關注少數重點顧客，忽略了大多數客群。然而，這樣的觀點在當今的數位化時代和多元化市場中並不完全成立。隨著網路平臺的興起，像亞馬遜這樣的企業就充分利用了長尾市場的潛力。即使是相對冷門的書籍、商品或服務，只要有足夠大的客群，也能產生可觀的收入。

如何應用長尾理論

在銷售實踐中，長尾理論提示我們不僅要重視少數高價值顧客，也要發掘並培養潛力顧客。雖然這些顧客可能不會一開始為公司帶來大量利潤，但隨著時間的推移，這些被忽略的 80%的顧客將能為企業創造源源不斷的價值。

- 長期關係建設：對於那些不是當下最大消費者的顧客，我們應該保持良好的關係，持續提供價值，並讓他們感受到被重視。隨著這些顧客對品牌的忠誠度提升，他們的消費額可能逐漸增加，形成持久的收入來源。
- 開發冷門市場：對於冷門商品或服務，可以依賴網路平臺和資料分析來精準尋找潛在顧客。比如，專門針對某些小眾市場進行客製化行銷，這樣能夠獲得穩定的回報。

為什麼 80%的顧客更重要

雖然 20%的顧客貢獻了大部分的銷售額，但這些顧客的需求可能是有限的，且隨著時間的推移，他們的購買頻次會逐漸減少。而 80%的顧客，儘管個別貢獻小，但由於其數量龐大，且他們的需求多樣，將他們培養成忠實顧客能夠為公司帶來持久的價值。

長尾理論對行銷策略的影響

- 聚焦全體顧客群：行銷策略應該不再單一依賴少數高價值顧客，而是要兼顧更多的客群。每一個顧客都有可能在未來為企業帶來更多的價值。
- 數據驅動的行銷：利用資料分析了解顧客需求，發現隱藏的長尾市場。在顧客需求變化的情況下，持續調整行銷策略。
- 制定多樣化產品線：根據客群的多樣性和需求，開發多樣化的產品，以滿足不同顧客的需求，並透過網路平臺接觸到更多的小眾顧客。

發掘潛在顧客，打造持續成長的市場策略

長尾理論提出，客群的多樣性是行銷中不可忽視的力量。在當今市場中，靠著長尾市場的細分需求來穩定收入，不僅能夠突破傳統二八定律的限制，還能為企業帶來長期增長。銷售人員應當從根本上改變觀念，重新評估所有顧客的價值，發掘並培養潛力顧客，從而實現持續的業務成長和市場擴展。

斯通定律：把拒絕當作成功的墊腳石

在銷售工作中，拒絕是每個銷售人員必須面對的現實。斯通定律強調，將拒絕視為一個學習和成長的機會，而不是挫敗或失敗。這種心態的轉變能夠幫助銷售人員保持積極的心態，將每一次拒絕轉化為向成功邁進的踏腳石。

遭受拒絕的作用

拒絕並不等於失敗，反而是成功的一部分。每一次的拒絕，都能幫助我們更清晰地了解自己在銷售過程中的不足之處。當你面對拒絕時，你不應該將其視為挫折，而是要學會從中找到改進的空間。每一次的拒絕，其實是自己離成功更近的一步，並且讓你在面對未來的挑戰時更加成熟和自信。

此外，拒絕也有助於讓你的競爭對手撤退。在銷售過程中，當你和其他銷售人員一起向同一個客戶推銷時，客戶的拒絕並不一定意味著你失敗了，它還意味著那些在初次拒絕後放棄的銷售人員自動退出。這樣，留下來的你將更有機會繼續爭取客戶的信任，逐步完成銷售。

怎麼去享受拒絕

（一）把每次拒絕當作「還債」的機會

銷售人員應該把拒絕看作一種「還債」的機會。每當我們向顧客推銷時，我們處於賣家的角色，而顧客也在扮演買家的角色。有時候，顧客的拒絕可能就像我們當買家時拒絕其他銷售人員一樣，是一種正常的反應。從這個角度來看，這次的拒絕就像是還掉了一次「人情債」，這讓我們能夠以更輕鬆的心態去面對未來的挑戰。

（二）拒絕並非永遠如此

拒絕一次並不代表永遠不會達成交易。銷售過程中的拒絕往往是短期的障礙，並非永久的結果。隨著你對顧客需求的深入了解以及銷售策略的調整，你可能會發現拒絕是可以被轉化為接受的。保持積極的心態，並根據顧客的回饋做出改進，這樣的拒絕就會變成一個逐步接近成交的過程。

（三）對拒絕不要信以為真

顧客的初步拒絕有時只是一種防禦性反應，並不代表他們真的對產品不感興趣。有些顧客可能需要更多的時間來理解產品，或者他們可能對某些細節尚未完全了解。這樣的拒絕往往是「偽裝抵抗」，這時，銷售人員應該保持耐心，繼續尋求解釋和推進，這樣就有可能打破顧客的心理防線。

(四)拒絕使你離成功更近

每一次的拒絕都是一個自我激勵的過程。當你面對拒絕時，應該把它視為向成功邁進的一步，而不是氣餒的理由。拒絕讓你更加堅定，提醒你在下次推銷過程中可能需要做出哪些改進。堅持下去，積極面對每一次的拒絕，你會發現，最終的成功來自於不輕易放棄的堅持。

拒絕不是終點，而是成長的開始

斯通定律教會我們把拒絕視為一個積極的信號。每一次的拒絕都是對我們的鍛鍊和成長，讓我們有機會去改進、去學習，最終讓我們在銷售過程中獲得更大的成功。面對拒絕時，如果我們能保持積極的心態，把它當作享受，而不是失敗，那麼我們就能在銷售中逐步戰勝困難，實現更多的成功。

如何利用二選一定律應對顧客的推諉

在銷售過程中，顧客往往會有各種各樣的藉口來推延或拒絕購買。這時，運用二選一定律可以巧妙地將顧客推向決策的邊緣。以下是幾種常見的情況，以及如何用二選一來引導顧客。

顧客說：「我現在沒時間！」

銷售員的回應：「先生，洛克斐勒曾說過，花一天時間盤算錢財比工作 30 天更重要。我們不會耽誤您太長時間，只需 25 分鐘，您看星期一上午還是星期二下午更方便呢？」

顧客說：「我沒錢！」

銷售員的回應：「先生，我完全理解，您的財務狀況最清楚。如果現在財務緊張，是否可以提前做個規畫，對將來會更有利呢？另外，我可以在下星期五或週末過來拜見您，您看哪個時間方便呢？」

顧客說：「我還無法確定業務發展方向。」

銷售員的回應：「先生，我們的服務旨在幫助您的業務發展。我可以過來與您探討一下供貨方案，看看是否有改進空間。您看，我星期一還是星期二過來？」

顧客說：「我必須先與合夥人談談。」

銷售員的回應：「我完全理解，先生。您看什麼時候我們可以一同與您的合夥人深入交流呢？」

顧客說：「我先這樣吧，以後再聯絡。」

銷售員的回應：「先生，也許您現在對我們的產品還沒完全確定，但我還是很樂意讓您了解我們的業務，這對未來選擇會有幫助。您看，我們何時再約時間交流呢？」

顧客說：「你推銷的就是為了賣東西吧？」

銷售員的回應：「您說得對，我的確是想推銷產品給您，但我們的目標是讓您買到值得的商品。如果您有興趣，我們可以一起討論。您來我們公司比較方便，還是我明天再過來？」

為什麼二選一定律有效

二選一定律之所以有效，是因為它把選擇的權力交給了顧客，但同時限制了他們的選擇範圍。這樣做的好處是，顧客會覺得他們仍然擁有選擇的自由，而不是被強迫做決定。此外，這樣的選擇也讓銷售員能夠掌控銷售過程，讓顧客在無形中進入銷售員所設計好的決策框架。

選擇帶來的結果

無論顧客選擇哪個答案，最終都會達到銷售員預期的結果。銷售員巧妙地運用了這一策略，將顧客的推諉轉化為成交的契機。因此，這不僅是銷售人員的一項技巧，也是把控銷售進程的重要方法。

透過二選一，讓顧客自然而然做決定

「二選一定律」讓銷售人員在面對顧客時能夠更加靈活地掌控主動權，巧妙引導顧客做出決策。這種方法既能避免顧客的拒絕，又能讓他們感覺到自己在選擇，從而達成最終的銷售目標。在銷售中，懂得運用這種策略，無疑會使銷售更加高效與成功。

歐納西斯法則：把生意做在別人的前面

歐納西斯，這位被譽為希臘船王的商業巨擘，他的成功並非偶然，而是源自於他勇於在別人之前採取行動，看到他人忽略的商機，並在困難中找到了機會。這種精神不僅讓他在航運界取得了極大的成功，也讓他成為商業領域的一位傳奇人物。

辨識商機，提前布局

歐納西斯的商業成功可以追溯到他早期在阿根廷的經歷。當時，他發現了阿根廷市場對希臘菸草的需求，他決定提前將溫和的希臘菸草引進當地。雖然當時市場對南美洲的強烈菸草習以為常，但歐納西斯卻看到了未被滿足的市場需求，並及時進入，成功賺取了第一桶金。

逆勢操作，抓住經濟危機中的機會

隨著全球經濟的波動，1930 年代的經濟危機讓許多商業活動陷入停滯，但歐納西斯卻從中看到了巨大的機會。在當時，加拿大國營鐵路公司迫於經濟困境準備低價拍賣貨船，歐納西斯毫不猶豫地收購了六艘船，並將這些便宜的資產納入自己的船隊中。

這一操作在當時看似危險，甚至很多同行不理解他為何在如此困難的時期仍然進行大規模的投資。歐納西斯卻有著獨到的眼光，他認為，當經濟危機過後，物價回升，這些便宜買來的資產將成為極大的利潤源泉。果然，隨著經濟的復甦，他的船隊價值大漲，歐納西斯迅速崛起，成為全球海運的領軍人物。

永遠走在市場的前端

歐納西斯的成功，歸根結柢在於他總能看到他人無法預見的未來。他敢於在他人還在觀望的時候，做出大膽的決策。他的行動證明了：「做生意要走在別人前面」，他總是能夠在商業的每一波潮流中搶先一步，並透過先行者的優勢實現價值的最大化。

銷售啟示：學會走在前面

儘管銷售人員無法像歐納西斯那樣進行大規模的全球投資，但這種「走在前面」的精神對於銷售同樣重要。銷售人員應該具備預見市場需求的能力，學會把握客戶未來的需求，而不僅僅滿足當前的需求。在銷售過程中，提前布局，將生意做在別人之前，能夠讓你在競爭中獲得先機，長遠看更有可能成功。

生意不是等來的，而是主動創造的

歐納西斯法則告訴我們，成功的關鍵在於走在他人前面，敢於冒險並抓住潛藏的機會。無論是在航運業還是銷售領域，提前部署、預見未來並勇於行動，能夠使你在競爭中脫穎而出，取得顯著的成就。對於銷售人員而言，學會在市場中走在前面，發現並引領新的需求，將為你帶來無窮的商機。

跨欄定律：挑戰越大，成就越高

所謂跨欄定律，是指一個人所獲得的成就大小，往往取決於他所遇到的困難的程度。豎在你面前的欄越高，你跳得也越高。當你遇到困難或挫折時，不要被眼前的困境所嚇倒，只要你勇敢面對，坦然接受生活的挑戰，就能克服困難和挫折，獲得更大的成就。

銷售也不例外，跨欄定律在銷售中也有著深遠的影響。每一次的成功都源於過去克服的挑戰。當銷售人員面對困難時，越是勇敢迎接，挑戰就越能促進他們的成長。

亞馬遜的進一步拓展

近幾年，亞馬遜在全球的市場地位進一步擴展。當時，亞馬遜的主營業務並不僅僅局限於電子商務銷售，還涵蓋了雲端運算、人工智慧、物流以及內容創作等領域。然而，亞馬遜創始人傑夫·貝佐斯並不滿足於現有的成就，他開始將亞馬遜的觸角延伸到更多的領域，特別是醫療健康與人工智慧技術領域，這為亞馬遜的銷售成長提供了全新的動力。

貝佐斯的決策與挑戰

亞馬遜進入醫療行業的決策無疑是一個極大的挑戰，尤其是在疫情爆發初期，亞馬遜不僅需要繼續保障現有業務的穩定發展，還必須快速地應對全球市場中不斷變化的需求。亞馬遜的這一舉措無疑是一次重大挑戰，對於企業營運模式以及銷售渠道來說，都意味著一次巨大的變革。

貝佐斯並沒有被挑戰所嚇倒，反而利用這個時機加大投資，推動了更多的技術創新和產品擴展。例如，亞馬遜在全球推出了更多的醫療健康服務，並且加速了在雲端醫療數據存儲和人工智慧領域的布局，這些舉措直接促成了亞馬遜進入新市場並打破了銷售紀錄。

銷售紀錄的打破

2020 年，亞馬遜的業務增長達到前所未有的水準。疫情使得更多的消費者將購物、教育、娛樂、工作都轉移到了線上平臺，而亞馬遜正是這一變革中的受益者。亞馬遜在這一年成功實現了其銷售目標的突破，並大大擴展了市場占有率。貝佐斯將這一成功歸功於公司的願景、團隊的努力以及他對每一個業務挑戰的迎接態度。

他強調：「每一次的銷售紀錄背後，都是我們面對挑戰時的應對與解決，正是這些挑戰讓我們越來越強大。」

跨欄定律的應用與啟示

對於銷售人員來說，跨欄定律告訴我們，每一次成功之後，都需要設立新的目標。正如亞馬遜每年設定銷售目標的挑戰，無論是突破上一年的業績，還是進軍新的市場，每一次的努力都為下一個目標的實現鋪平了道路。

成功的銷售人員都應該有長遠的目標，並且為了這些目標不懈努力。當你設立了一個新的銷售目標，並且全力以赴地去實現它，這樣的過程將使你不斷超越自我，突破每一個曾經設立的銷售紀錄。

成功來自不斷突破與挑戰

無論是貝佐斯的亞馬遜，還是任何一個成功的銷售人員，他們的成功都來自於跨欄定律的應用。他們在每一次的挑戰中找到了突破，設立了更高的目標，並且不斷地實現這些目標，最終在銷售領域中達到了新的高度。這不僅是對跨欄定律的展現，也是成功銷售人員必備的態度與精神。

250 定律：每個客戶身後都有 250 個潛在客戶

在臺灣，許多保險業務員、房仲、直銷人員都深知：「每個顧客的背後，都是一個龐大的潛在客戶網絡！」這一理論與業務員喬·吉拉德所提出的「250 定律」相吻合，這定律認為每位顧客背後都站著 250 個親朋好友，這些人同樣可能成為潛在顧客。因此，贏得一位顧客的信任和好感，不僅是獲得一個交易，更是打開了一個包含 250 位潛在顧客的大門。

喬 · 吉拉德：世界上最偉大的銷售員

喬·吉拉德被譽為「世界最偉大的銷售員」，他的銷售生涯創造了 5 項金氏世界紀錄，包括：

- 平均每天銷售 6 輛車
- 最多一天賣 18 輛車
- 一個月最多賣 174 輛車
- 一年最多賣 1,425 輛車
- 在 15 年的銷售生涯中共銷售 13,001 輛車吉拉德的成功並非一蹴而就，他的故事充滿了奮鬥和堅持。他出生於美國經濟大蕭條期間，家庭貧困，曾遭受父親的侮辱和鄰里的歧視。然而，這些困難並未擊垮他，反而激勵他以更堅定的決心去改變自己的命運。吉拉德在多次破產後重整旗鼓，成為世界著名的銷售高手。他的成功源於他的誠信、努力和對每一位顧客的極致關注。

250 定律：每個顧客背後都是一個巨大的潛力

吉拉德的成功也源於他對 250 定律的深刻理解。他認為，每個顧客的身後都有 250 個潛在顧客，這些顧客來自於家庭、朋友和同事。因此，銷售人員要高度重視每一位顧客，並在服務過程中展現出極致的誠信和關懷，因為每一次的交易背後，都可能影響到一個更大、更穩定的客群。

這一法則在實際的銷售中發揮了巨大的作用。顧客的滿意度和對業務員的信任會直接影響他們對業務員的推廣。這意味著，贏得一位顧客的好感，將可能為你帶來 250 位新客戶；而一次失誤，則可能失去 250 位潛在顧客。因此，銷售人員應該以長期合作的眼光看待每一位顧客，把每一位顧客都視為「門戶」，通向更大的顧客網絡。

在實踐中的應用

作為銷售人員，應該將 250 定律視為一種行動指南。每一位顧客的需求都應該得到充分的關注和理解，並且應當透過積極的服務和高效的回饋，轉化為他們的忠誠與口碑。即使是最微小的交易，也不能掉以輕心，因為每一個滿意的顧客都可能成為未來更大銷售機會的源泉。

同時，銷售人員要善於建立和維護顧客關係。顧客的推薦和介紹是實現 250 定律的核心，一個顧客的推薦，將為銷售人員帶來更多的潛在顧客。因此，銷售人員應該時刻關注顧客的需求，並以專業的服務態度贏得他們的信任，從而形成良性的循環。

贏得一位顧客，等於打開 250 個潛在顧客的大門

250 定律告訴我們，銷售的價值遠不止於一個顧客的成交，贏得顧客的信任和好感，能夠帶來遠超過預期的潛在客群。作為銷售人員，我們要用心去服務每一位顧客，並將每一次交易視為進一步擴展客群的機會。這樣，銷售不僅是一項短期工作，更是一個長期且穩定的成長過程。

伯內特定律：
占領顧客的頭腦，才能掌控市場

伯內特定律指出，只有占領了客戶的頭腦，才能占有市場。這一觀點由美國廣告專家利奧．伯內特提出，他認為，產品一旦占領了人們的頭腦，就等於掌握了市場的主導權。

這條定律具有相當的科學性。因為頭腦產生意識，而意識決定了行動。當顧客產生了想購買某個產品的意識時，才會做出實際購買的行為。如果對某個產品連購買的意識都沒有，顧客怎麼會去選擇它呢？

「歐付寶」成功行銷策略

以「歐付寶」為例，這家公司自 2011 年成立以來，於 2015 年取得首張電子支付執照，迅速成為臺灣數位支付的領導品牌之一。歐付寶透過巧妙的廣告宣傳和品牌塑造，成功地占領了消費者的心智，尤其是在行動支付領域。它透過廣告讓消費者對「便捷、安全、快速」的支付方式留下深刻印象，進而在激烈的競爭中脫穎而出。

「歐付寶」的廣告策略很成功地強調了它在支付過程中的

便捷性，並且與臺灣消費者的生活習慣緊密結合，這樣的廣告不僅吸引了消費者的注意，也激發了他們的使用欲望。隨著行動支付的普及，歐付寶迅速獲得了大量的用戶和商家支持，成功占領了市場。

占領消費者心智的策略

歐付寶的成功案例正是巧妙利用了消費者對便捷支付方式的需求。品牌的廣告不僅能引起消費者的注意，還能深刻影響他們的選擇偏好。當消費者在歐付寶的服務中看到便捷、安全且符合當代生活節奏的優勢時，他們便會轉向使用該平臺，並逐步形成品牌忠誠。

要讓你的產品或服務占領消費者的心智，關鍵在於善用廣告和差異化產品策略。首先，廣告能有效引起消費者的注意。一個好的廣告能夠抓住消費者的心理特徵，並與之產生共鳴，從而引發強烈的衝擊力，激起購買欲望。

其次，提供差異化的產品也是占領消費者心智的重要途徑。廣告是對現有產品的宣傳，而差異化的產品則是創造出新的市場需求。管理大師杜拉克曾說過，企業的宗旨就是創造顧客。有差異才能有市場，從某種意義上來說，創造了差異，你就占領了市場。

差異化創新：成功的關鍵

以臺灣的「黑松沙士」為例，這一經典飲料品牌在近年來推出了多款新的口味，並成功地透過創新的廣告策略吸引了新一代消費者。這些新口味將傳統的產品與當代消費者對健康飲品的需求結合，成功打破了傳統飲料的市場格局。黑松沙士的成功在於，它透過不斷創新和品牌調整，與消費者的需求保持一致，並在競爭激烈的市場中占領了心智空間。

產品的獨特性決定了市場的占領

總結來說，顧客只有在頭腦中對你的產品留下深刻的印象，才會產生購買的欲望。無論是透過創意廣告還是產品的差異化，成功的關鍵在於讓消費者的心智首先被占領。這樣，當顧客決定購買時，你的產品或服務將成為他們的首選。

第七章
銷售心理效應：
掌握顧客心態，打造無敵業績

顧客的行為表現，往往只是冰山一角，真正影響購買決策的，是深藏水面下的心理運作機制。能否掌握這些心理規律，將決定你在銷售中是事倍功半，還是事半功倍。本章將揭示八個來自心理學與行為經濟學的重要效應，幫助你看穿顧客反應背後的情緒與邏輯。

從開場白效應與首因效應談起，帶你理解第一印象如何迅速建立信任；透過微笑效應與借勢效應，學習如何打造親和力與外部影響力;更深入探討好奇心、登門檻、范伯倫與共生效應等心理現象，教你在溝通過程中精準介入、巧妙引導，進而推動成交。

銷售不是情緒硬撐的比拚，而是對人性規律的熟稔運用。掌握顧客心態，就能在看似普通的對話中創造不凡業績。這一章，讓你從「會說話」進化為真正懂心理的銷售高手。

開場白效應：用第一印象贏得客戶信任

所謂開場白效應是指，業務員和客戶見面時的開頭幾句話至關重要。只要開場白得當，客戶對你的印象便會加深，從而在心底裡認可你，並願意繼續聽你講解。開場白的好壞，能直接決定一次銷售過程的成敗。

無論是在公開場合發言還是和別人交流，開場白都起到了至關重要的作用。開場白的效果，常常能決定演講或交流的結果。在銷售中，業務員的開場白尤為重要，因為客戶對業務員的認識通常是從開場白開始的，這就是所謂的第一印象。第一印象好的話，接下來的產品推銷過程會順利許多；如果第一印象不好，那麼客戶便很難接受你的產品。

「Gogoro」的開場白效應

以「Gogoro」為例，這款電動機車品牌不僅改變了臺灣的機車市場，也在開場白的運用上做了巧妙設計。Gogoro 的成功，不僅僅是因為其高科技產品，更在於其市場推廣中，尤其是開場白的策略。

Gogoro 的創始人陸學森在與潛在客戶的初次接觸中，總是能夠迅速抓住他們的注意力。他在介紹 Gogoro 時，會先提出問題來激起客戶的好奇心：「您知道每年臺灣有多少臺車因為傳統油料污染造成的環境問題嗎？」這樣的開場不僅能立刻引起客戶的關注，還能讓客戶對 Gogoro 所代表的環保、創新價值產生興趣，從而為後續的介紹鋪路。

此外，Gogoro 的銷售人員還會特意強調 Gogoro 在產品設計和使用體驗方面的差異化，從而成功吸引了大量對環保和便捷交通有需求的客戶。這些巧妙的開場白及後續的推銷過程，使得 Gogoro 的銷量持續成長，並逐漸成為臺灣電動機車的代名詞。

開場白的重要性與技巧

要想使你的開場白出色，是有技巧可循的。可以從以下幾個方面入手：

喚起客戶的好奇心：好的開場白能讓銷售過程事半功倍。在銷售工作中，業務員可以先用問題或引人入勝的事實來喚起客戶的好奇心。當客戶的注意力被吸引後，便能更輕鬆地引入產品的介紹。

找出產品的價值所在：開場白的目標就是引起客戶的興趣，讓他們願意繼續聽下去。因此，在開場白中，強調產品如何為客戶帶來價值非常關鍵。這不僅要求業務員對產品有深刻了解，還要精準找到客戶最關心的部分，並加以強調。

吸引客戶的注意力：在繁忙的工作環境中，客戶的注意力極其有限，業務員必須學會快速吸引客戶的注意。例如，有一位業務員進門後的開場白是：「我來這裡不是要增加您的麻煩，而是希望能與您一起解決問題、創造更多的價值。」這樣的開場能夠迅速引起客戶的注意，並激起他們的興趣。

真誠的關心顧客：精明的銷售人員通常不僅僅是介紹產品，而是透過傾聽顧客需求來建立關係。真誠地關心顧客，並在對話中適時表示贊同，這樣能夠使顧客對你建立信任，並願意繼續交談。

從第三方處獲得支持：人們有從眾心理，若能告訴顧客已有其他人購買過你的產品，會使他們更加信任你的推薦，進而提高銷售成功的機率。

尋找共同的話題：對陌生客戶來說，找到共同話題是一種打破僵局的有效手段。了解客戶的背景或興趣，並根據此展開對話，能夠拉近雙方的距離。

對客戶表示感謝：在拜訪時，業務員應該表達感謝，這樣不僅能塑造專業和禮貌的形象，還能讓客戶感受到你的誠意。

開場白的力量

銷售中的開場白如同一場演講的開頭，開場白的好壞直接決定了顧客對後續內容的興趣。成功的開場白不僅能吸引顧客的注意力，還能建立良好的信任基礎。要讓開場白成功，業務員需運用各種策略，充分調動顧客的情感需求和興趣，從而為整個銷售過程鋪平道路。

微笑效應：用真誠拉近顧客心理距離

微笑是打開人與人之間關係的最佳手段，也是給人留下好印象的開始。銷售過程中，只要堅持微笑效應，顧客肯定會對你產生好感。試想，有誰能拒絕一位向他微笑的人呢？即使他知道你是業務員，微笑依然能拉近彼此的距離，微笑是讓顧客接受你的重要條件。

案例：「7-11」的微笑服務

知名便利商店品牌 7-11，以其完善的服務體系和員工的微笑服務聞名。這不僅僅是因為 7-11 提供便捷的購物體驗，更因為其員工在每次顧客進店時，總是帶著親切的微笑迎接。無論是忙碌的上班族，還是帶著孩子的媽媽，7-11 的員工總是會給予顧客最溫暖的微笑，這種微笑營造出一種賓至如歸的感覺，使顧客對 7-11 品牌產生高度的信任與認同。

曾有顧客表示，在一天的疲憊工作後，走進 7-11，迎接他的是員工的微笑和熱情的問候，這一刻他感覺到放鬆和安慰。因此，7-11 的成功不僅來自其產品的便利，還來自每一位員工真誠的微笑服務。

微笑的力量

微笑對業務員來說是無可替代的魅力武器，它能撫平顧客心中的疑慮，讓顧客的防備心瞬間消失。在銷售過程中，微笑不僅能拉近距離，還能改變談話的氛圍，創造出更加和諧、順暢的溝通。

微笑具有無窮的魅力，它能像春風一樣撫慰顧客的心靈，調和談話氣氛，並讓顧客感受到來自業務員的誠意與友善。當顧客感受到微笑的親和力時，他們會更加樂於與業務員交流，並且更願意信任業務員所推銷的產品。

微笑的七大優勢

在銷售過程中，微笑具有七大優勢，幫助業務員達成銷售目標：

笑具有傳染性：當你微笑時，對方也會不自覺地笑出來，這樣的互動有助於打破僵局，促進交流。

笑容是傳達愛意的捷徑：微笑是情感交流的橋梁，能讓顧客感受到你的友好與善意。

笑容是建立信賴的第一步：它可以讓顧客感受到你的真誠，進而建立起信任關係。

笑可以打開兩人之間的心扉：微笑有助於消除隔閡，讓雙方在談話中更輕鬆自然。

笑容能打破僵局，消除不安：當氣氛緊張或顧客心情不佳時，微笑可以輕易化解這些困境，讓氣氛變得更加輕鬆。

笑容能消除自卑感：微笑不僅能讓顧客放下戒心，也能幫助業務員增強自信，彌補自己的不足。

笑容能增進健康與活力：微笑有助於放鬆身心，提升整體的精氣神，使你在與顧客互動時更加充滿活力。

微笑的力量

在銷售過程中，微笑是一個強大的工具，它能消除顧客的防備心，使雙方之間的關係更親密。當業務員用真誠的微笑來迎接顧客時，顧客會感受到溫暖與關懷，這將為銷售的成功鋪平道路。因此，業務員應該充分運用微笑，作為打開顧客心扉的第一步，並將其視為實現銷售成功的關鍵武器。

借勢效應：
善用外部資源，助力銷售成功

我們每一個人都不是聖人，都會有我們辦不到的事和達不到的目標，但有時候，當自己無法達成的事，透過別人的力量或資源可以完成，這就是借勢效應。

猶太經濟學家奧利佛·威廉遜曾說：「一切都是可以靠借的，可以借資金、借人才、借技術、借智慧。這個世界已經準備好了一切你所需要的資源，你所要做的僅僅是把它們收集起來，運用智慧把它們有機的組合起來。」借勢效應的核心就是能夠巧妙運用外部資源，為自己的目標助力。

「聯發科」借勢行銷的成功

半導體巨頭聯發科，便是借勢行銷成功的例子。聯發科憑藉著與世界頂尖品牌的合作，成功推動其市場占有率的迅速提升。2000 年代，聯發科決定攜手全球領先的手機品牌合作，透過為這些品牌提供晶片解決方案來擴大其市場影響力。這些大品牌的強大市場需求，讓聯發科的產品得到更廣泛的應用和曝光，迅速提高了知名度與銷售。

此外，聯發科還積極與其他企業合作，藉助市場領導者的強大品牌效應和資源，進一步進行市場擴張。這不僅讓聯發科的技術實力獲得認可，也為公司帶來了可觀的收益，成功讓其在全球半導體市場上占有一席之地。

如何在銷售中借勢

借勢行銷是業務員擴大潛在客群和提升銷售的最有效手段之一。那麼，作為業務員，我們如何運用借勢效應呢？

完善的售後服務：一個完備的售後服務體系能讓顧客對產品更有信心，並願意再次購買，這不僅是顧客忠誠度的關鍵，也能激勵顧客推薦產品給他人。喬．吉拉德有句名言：「我相信推銷活動真正的開始在成交之後，而不是之前。」銷售是持續的過程，成交後的關心和跟進會讓顧客不僅成為忠實用戶，還能成為推廣者。業務員透過良好的服務，將能夠讓顧客為自己做免費的口碑行銷。

對老顧客的關注：成功的業務員往往不僅關注開發新客戶，還會在老顧客身上投入更多精力。老顧客幾乎是自己培養出來的忠實支持者，他們的口碑推薦會讓業務員的生意不斷擴大。這些老顧客通常會把業務員的產品推薦給他們的親朋好友，間接成為了業務員的「無薪業務員」。

給予幫助推銷的顧客一些好處：業務員可以像吉拉德那樣，為幫助自己推銷產品的顧客提供一些報酬或優惠。這樣的做法不僅可以提高顧客的推廣積極性，還能讓顧客感受到自己的價值和被重視。信守承諾非常關鍵，這不僅是維護信用，也是建立長期信任的基礎。

借勢行銷的力量

借勢行銷就像是一個強大的助推器，能夠幫助業務員突破困境，擴大銷售。透過藉助外部資源和他人的力量，業務員可以達到自己無法單獨實現的目標，並加速業務增長。無論是藉助顧客的推廣、品牌的合作還是其他外部資源，業務員都應該學會靈活運用借勢效應，讓自己的銷售活動事半功倍。

首因效應：第一印象決定成敗

每個人都知道，第一印象往往是最重要的，它直接影響到後續的交往和決策。心理學中，這種在第一次接觸時形成的強烈印象被稱為首因效應，它在日常生活和銷售過程中都產生了至關重要的作用。

一位大學生的機智行為 —— 首因效應的實踐

有一位大學生，在經歷了幾個月的求職失敗後，決定去報社應徵。他進入報社後，直接問總編輯是否有開放的職位。總編輯回答說並沒有，這位大學生聽後沒有氣餒，反而從包包裡拿出一塊小牌子，牌子上寫著「額滿，暫不僱用」。這一舉動出乎總編輯的意料，他忍不住笑了出來，並對這位年輕人的機智和樂觀產生了好感，最終邀請他加入報社的廣告部。

這個簡單而巧妙的行為充分展示了首因效應的強大力量。這位大學生透過一次與眾不同的方式，給總編輯留下了深刻且積極的第一印象，改變了自己的求職命運，並打開了他的職業生涯。

首因效應在銷售中的應用

在銷售領域，首因效應同樣至關重要。業務員的第一印象往往決定了客戶對其後續銷售行為的接受度。根據心理學研究，在初次見面時，顧客會在短短的 45 秒內對業務員形成一個強烈的第一印象，這個印象會在顧客的心中占據主導地位，進而影響後續的銷售結果。無論是外貌、衣著、肢體語言、語氣還是表情，這些都會在初次接觸時深深影響顧客對業務員的看法。

這就是為什麼，對於業務員來說，創造一個良好的第一印象至關重要。顧客不會願意浪費時間與一位留給他不良印象的業務員進一步溝通。正因如此，保持積極、專業的形象能夠讓顧客對你產生信任，並提高銷售的成功率。

「遠傳電信」的銷售技巧

以臺灣的「遠傳電信」為例，他們的銷售員在面對客戶時，極為注重保持積極、專業的第一印象。銷售員通常會先注意自己的儀容儀表，確保衣著得體，言談舉止中保持禮貌和專業的態度。此外，他們會在開場時，透過親切的微笑和簡短有趣的介紹，打破顧客的防備心理，快速拉近彼此距離。這樣的開場白和形象，使顧客對其產生信任感，從而願意聽取後續的產品介紹。

因此，保持積極健康的第一印象是每一位銷售人員的必修課，它不僅能提升顧客的接受度，也能讓銷售過程順利進行。尤其在快速的商業環境中，客戶的時間有限，不願浪費時間在對自己產生不良印象的人身上。

第一印象的重要性

首因效應的影響不容小覷。無論是日常生活還是銷售過程中，第一印象對一段關係的建立有著深遠的影響。它不僅能夠在短時間內決定顧客對業務員的好感，也會深刻影響顧客是否願意繼續交流。雖然我們不應該僅僅依賴第一印象來評價一個人，但在銷售過程中，創造一個良好的第一印象是至關重要的，這將為後續的業務推進打下堅實的基礎。

范伯倫效應：高獲利與感性消費心理

在我們的日常生活中，經常會發現，某些商品的價格越高，消費者反而越願意購買。例如，在超市裡，相同款式的鞋子，小店賣幾百元沒人問津，而放在大型購物中心的櫃檯卻賣到幾千元，仍然有顧客願意購買。這就是「范伯倫效應」的表現。

同樣，幾千元的眼鏡框、數萬元的紀念手錶、甚至百萬元的頂級鋼琴，這些近乎「天價」的商品往往在市場上熱賣。難道顧客的目的是為了炫富，還是僅僅為了追求奢華？

當然，並非所有人都只是為了錢而消費。這些高價商品往往滿足的是顧客的心理需求，尤其是對品味、身分和社會地位的追求。范伯倫效應正是揭示了這種非理性、感性消費的現象——即當商品的價格越高時，反而能夠吸引更多顧客的青睞。

范伯倫效應的銷售應用

一天，師父為了啟發他的小徒弟，從禪房裡拿出一塊石頭，並告訴他去菜市場嘗試賣一賣，雖然不是真的賣，只需問問價。師父說：「注意觀察，回來告訴我它在市場能賣多少錢就行。」徒弟滿腹疑惑，畢竟這塊石頭不過是一塊普通的石頭，怎麼能賣出什麼價錢呢？不過，他還是帶著石頭下山去了。

在市場，許多人圍著這塊石頭觀察，有人說可以做擺飾，有人說給兒子玩玩，還有人認為它可以做秤錘。當詢問價格時，顧客的報價都是幾個銅板。

回到師父那裡，徒弟告訴他：「石頭只能賣幾個銅板。」師父聽後淡淡一笑，告訴徒弟：「那你再去黃金市場看看，問問價格，但還是不要賣。」徒弟帶著石頭來到黃金市場，這次商人願意出 1,000 塊錢。師父又說：「那你再去珠寶市場，低於 50 萬的價錢不要賣！」

徒弟不情願地再次來到珠寶市場，沒想到商人竟然開價 5 萬塊，並在後來的幾天裡不斷提高價格，最終以 50 萬成功成交。徒弟帶著厚厚的鈔票回來，師父微笑著說：「如果你不敢要更高的價錢，你永遠也不會得到這麼多錢！」

這個故事雖然看似老套，但從銷售的角度來看，它反映了深刻的銷售規律，這就是范伯倫效應！

感性消費與銷售策略

隨著現代社會收入水準的提高，越來越多的顧客開始從追求數量與品質轉向追求品味與格調。在這種情況下，銷售人員可以利用范伯倫效應來為產品增添「金光」，讓顧客感受到它的「高端」和「獨特」，這樣不僅能提高顧客對商品的好感，還能加強他們的購買欲望。

范伯倫效應告訴我們，某些產品的價格越高，就越能受到消費者的青睞。在銷售過程中，適當的提高價格，並且將產品的價值與它的獨特性緊密相連，往往會促使顧客做出購買決定。當然，這必須建立在產品品質和品牌形象的基礎上，不能盲目加價，否則只會適得其反。

如何運用范伯倫效應

塑造高端形象：銷售人員可以透過營造產品的高端形象來吸引顧客。例如，將產品包裝設計成奢華風格，或者營造一個高端的購物環境，這樣顧客會感覺到該產品與其他普通商品有所不同，並且對其產生更高的興趣。

創造稀缺感：適當地將商品宣傳為限量版，或者強調產品的獨特性，能夠激發顧客的購買欲望。顧客往往會認為這些高價商品是稀缺且值得擁有的，因此願意為此支付更高的價格。

提升品牌附加值：提升品牌的附加價值也是一種有效的策略。讓顧客認識到，購買這個高價商品不僅僅是為了物質需求，更是為了彰顯自己的品味與身分，這樣他們會更願意為此支付更多。

感性消費的無限商機

范伯倫效應展示了消費者對於奢侈品和高價商品的特殊需求，這種需求不僅僅來自於物質的需求，更來自於心理層面的滿足。銷售人員如果能巧妙運用這一效應，創造出商品的「價值感」和「獨特性」，便能在市場中獲得成功。因此，感性消費隱藏著巨大的商機，掌握了這一心理特徵，銷售將成為一場有趣且富有挑戰的競爭。

好奇心效應：
激發興趣，創造銷售機會

所謂好奇心效應，指的是每一位客戶都擁有好奇心，而作為行銷人員，你要抓住客戶的這種好奇心，從而引導客戶購買你的產品。當顧客的好奇心被激發時，他們便會對你的商品產生濃厚的興趣，並且可能會迅速做出購買決定。

「東森購物」的成功之道

在臺灣，東森購物一直以其創新和標新立異的行銷方式而著名。東森購物不僅在產品宣傳上注重創新，還在廣告中運用了煽情的手法來吸引顧客的注意。為了在眾多競爭對手中脫穎而出，東森購物經常推出一些讓人眼前一亮的獨特商品和促銷活動，這些活動都能有效激發顧客的好奇心。

例如，東森購物在一個促銷活動中推出了一款獨特的限量版商品，並在廣告中以神祕的方式介紹產品的特點，吸引了大量顧客的關注。顧客因為對產品的好奇心而迫不及待地想了解更多，進而提高了銷售量。這種創新和標新立異的方式成功地抓住了顧客的好奇心，也為東森購物帶來了不小的成功。

創新是開拓市場的關鍵

經常會聽到這樣的聲音：

- 甲說：市場已經飽和了，我們無法再提高銷售量，只能維持現有銷量不大幅度下滑。
- 乙說:現在市場低迷，消費者對我們產品的購買力下降，業績差是沒辦法的，我們已經盡力了。
- 丙說：這個產品在這裡沒有市場，我們無法開拓這裡的市場，還是去別的地方看看吧。
- 丁說：現在雖然是市場旺季，但競爭對手的產品比我們先進，我們無論如何都賣不過別人。

這些話也許有其道理，但這些話卻不會從一個成功的業務員口中說出來。在成功的業務員眼中，市場永遠存在，問題在於是否能夠開拓。而要想開拓市場，方法只有一個——創新。

創新思維拯救飽和市場

有一家知名的牙膏品牌，面臨著牙膏市場接近飽和的情況。為了再次實現銷量增長，總裁決定以 10 萬美元的獎金懸賞，來鼓勵員工提出能夠提升銷量的創新方案。會議中，業務主管們紛紛提出了各種建議，諸如加強廣告、改變包裝設計、增加銷售管道等，然而這些方案似乎都無法引起總裁的興趣。

就在氣氛愈發沉重時，一名新進員工進入會議室，無意間聽到正在討論的議題。她小心翼翼地提出了自己的看法：「我想，每個人在清晨匆忙擠牙膏時，習慣性地擠出固定長度的牙膏。只要我們將牙膏管出口加大 40%，每次擠出的牙膏量就會翻倍。這樣，原本每月用一條牙膏的家庭，是否有可能多用一條牙膏呢？」總裁聽後，認真思考了一會兒，隨後起立鼓掌，並決定採納這個方案，該員工也因此獲得了豐厚的獎勵。

這正是創新思維的力量，這一與眾不同的提案成功打破了市場的瓶頸，使該公司重新在飽和的市場中找到成長的突破口，獲得了可觀的銷售業績。

好奇心效應在銷售中的應用

在銷售中，能夠引發顧客的好奇心是一種強有力的推銷策略。人們購買商品，往往不僅僅是因為商品本身的實際需求，更有很多時候是出於心理上的滿足。當顧客的好奇心被激發時，他們會產生強烈的購買欲望，這是感性消費的一種表現。

銷售人員可以利用這一效應，透過創新和標新立異的方式來吸引顧客的注意力。例如，透過設計吸引目光的廣告、推出不同於市場上常規產品的特殊版本，或者為產品創造一種稀缺感和神祕感，來引發顧客的好奇心。當顧客的好奇心被激發後，他們將更願意進一步了解產品，從而促進銷售。

好奇心驅動的市場機會

好奇心效應展示了消費者行為中極具潛力的一部分。當顧客的好奇心被激發時，他們的消費意願會迅速增強。作為銷售人員，掌握如何激發顧客好奇心的技巧，並將其巧妙地運用在銷售策略中，將能夠顯著提升銷售效果，打開市場新局面。創新思維和標新立異的做法，將成為實現成功的關鍵！

登門檻效應：
從小要求開始，逐步引導顧客成交

在許多電視劇和電影中，我們經常會看到這樣的場景：小徒弟對師父的教導感到不滿，抱怨為何每天都在砍柴、挑水、打掃院子，自己明明是來學武藝的，為何要做這些雜事。師父常常不做回應，堅持讓徒弟完成這些工作，直到很久以後，小徒弟才會明白師父的用心，這些日常的基礎工作，實際上是為了將來學習武功打下根基。這種師父的方式，就是「登門檻效應」的應用。

登門檻效應的定義

登門檻效應，又被稱作得寸進尺效應，指的是當一個人接受了他人微不足道的要求時，他會在認知上覺得不太協調，並且會想保持前後一致，最終容易接受更大的要求。這就像登上高臺一樣，每一步都需穩步上升，一步一步的進步，使得最終達到更高的層次。

心理學研究表明，人們通常不願意接受高難度的要求，因為這樣會需要花費更多的時間和精力，達成的難度較大。相反，人們通常更願意接受那些較為簡單、容易完成的要

求。當達成了這些較小的要求後，便容易接受更大的要求。這就是所謂的「登門檻效應」，也正如《菜根譚》所說：「攻之惡勿太嚴，要思其堪受；教人之善勿太高，當使人可從。」這句話揭示的正是這一心理現象。

登門檻效應在銷售中的應用

在銷售中，我們經常會看到這樣的現象：一個顧客原本不願意購買你的主要產品，但你可以先向他介紹一些和主產品相關的小配件。這樣，顧客對你的產品產生興趣後，逐漸打破心理防線，最終就會容易達成銷售目標。這是因為，顧客在接受了一個小的要求後，會感覺到接受更大的要求是合情合理的，這使得銷售人員能夠一步一步引導顧客做出購買決策。

很多時候，人們不願意做出「反覆無常」的行為，尤其在面對商業交易時，顧客通常會希望自己的行為是連貫且一致的。所以，一旦顧客已經接受了銷售人員提出的小要求，接下來的要求通常就會顯得比較容易接受。例如，顧客試用了產品，並且覺得滿意後，隨後進行購買的可能性會大大增加。

簡單案例：銷售員的「試用」策略

以許多銷售員的策略為例，他們往往不會立即向顧客推銷整個產品，而是先提出一個小的要求，例如「試用」產品。

當顧客體驗後，發現產品符合需求，他們通常會更容易接受進一步的銷售提議。這就像追求對象一樣，經驗豐富的人會知道，關係的發展是逐步推進的。如果第一次見面就要求立即結婚，幾乎所有的對象都會拒絕，但如果一步步建立信任與感情，最終的結果會更自然。

對業務員的啟示：從小處做起

對於業務員自己來說，登門檻效應同樣適用。在銷售過程中，一步登天、急於求成是不切實際的。像業務員這樣的行業，每一位成功的銷售菁英，都是從小的成功經歷累積起來的，並且不斷突破一個個心理和業績的門檻。事實上，所有的銷售高手都是一步一步走過來的，他們的成功並非一蹴而就，而是透過長期的努力，逐步提升自己，實現銷售業績的突破。

這也提醒業務員，要有耐心，腳踏實地，一步一腳印，不要過於心急。成功的銷售總是要透過長期努力和累積來實現，而不是一蹴而就的。

得寸進尺的銷售策略

登門檻效應為銷售人員提供了寶貴的策略。在銷售過程中，適當地提出小要求，逐步引導顧客接受更大的要求，能夠有效地提高銷售的成功率。這不僅展現了銷售人員的智慧，還能讓顧客在漸進中感覺到自然與舒適。最重要的是，業務員必須明白，急功近利並非明智之舉，只有穩步前進，才能在競爭激烈的市場中立於不敗之地。

共生效應：擁抱競爭，創造更大商機

在自然界中，植物經常展現出一種非常獨特的現象——共生效應。當白菜在田間生長時，農民會在田埂上種一些紅蘿蔔。當白菜收穫後，紅蘿蔔自然就長起來了，這種互相幫助的種植方式叫做「間種」。許多植物之所以能夠生長得更加健康、茂盛，是因為它們能夠與周圍的植物共同生長、互相促進。這也恰恰揭示了「共生效應」，在這種生長模式下，每一株植物都能從環境中獲取更多的養分，並且使整個生態系統更加繁榮。

在商業中，「共生效應」同樣適用。如果你選擇遠離大市場，試圖壟斷市場或獨占顧客的選擇，那麼你很可能會錯失賺錢的機會。反而，如果你能進入一個競爭激烈、參與者多的市場，你不僅能吸引更多顧客，還能藉助市場的活力，從中獲得更多的商機。

餐飲公司與共生效應的契機

有一家臺灣餐飲公司，最近經營困難，業務量急劇下滑。這家公司擁有一條整條街的空房，這些房子正對著一個大型社區。出於經濟壓力，這家公司決定將空房對外招租，並將廣告貼出來。不久後，一家小吃店租下了一間店面開始營業。沒想到，這家小吃店的生意意外熱門，吸引了更多小吃店進駐，最終整條街變成了小吃一條街，生意非常興隆。

看到這樣的情況，這家公司決定收回所有租房，終止租賃合同，開始自己經營餐飲生意。結果不到半個月，原本熱鬧的小吃街突然變得冷清，回頭的顧客發現自己常去的小店不見了，轉身就走了。這家公司投資了大量資金，最終不僅未能賺回成本，甚至未能實現預期的效益。

專家建議：為何「共生效應」如此重要？

公司老闆百思不得其解，為什麼自己開設的餐飲店反而失敗了？為了找出原因，老闆邀請了一位行銷專家進行分析。專家聽完老闆的描述後微笑著說：「如果你去外面吃飯，是選擇只有一家餐館的街道，還是選擇有很多餐館的街道？」老闆反應過來：「當然是選擇人多的地方，大家都說哪家人多就去哪家。」

專家點點頭，繼續解釋：「顧客也是這麼想的。人們不願意在沒有選擇的地方用餐，而是更願意在擁有多樣選擇的地方消費，這樣才有競爭性和選擇的自由。」這家公司本來打算獨占整條街，但由於缺乏選擇，顧客反而感到不滿和被限制。

老闆終於明白過來，這正是問題的根源。於是，他決定再次將空房租出，讓其他餐飲業者入駐。結果，整條街的生意再次興旺起來，這家公司也從中受益。

共生效應在市場中的重要性

這個故事告訴我們，沒有競爭就沒有發展。在商業環境中，競爭不僅能夠激發創新，還能帶來更多的顧客和商機。大市場的繁榮和競爭會促進整體市場的活力，顧客對於擁有多樣選擇的需求越來越強烈。如果你試圖透過壟斷市場來獲取優勢，往往會使顧客感到選擇受限，最終反而失去商機。

這也印證了「共生效應」，這種相互促進、互利共生的方式能夠幫助企業獲得更大的商業成功。在艱難的市場中，與他人共同發展，而非單打獨鬥，才是更明智的選擇。

業務員的啟示：分享與合作

對於業務員來說，這一效應同樣適用。業務員應該學會與同事分享經驗，與客戶建立更深層的合作關係。銷售不僅是單打獨鬥，而是需要團隊合作和資源共享。透過合作與共生，業務員能夠獲得更多的銷售機會，並從中受益。

與其把自己孤立在一個小市場中，不如進入大市場，尋找更多的合作和競爭機會。這樣，你的業務將得到更多的提升，從而走向成功。

共生效應的無行不成市

共生效應表明，與其他企業和同業一起共生，能夠實現雙方甚至多方的互惠互利。在商業競爭中，遠離大市場，反而可能錯過更多賺錢的機會。銷售人員也應當認識到，合作和競爭是成功的關鍵。與他人共同成長，才能在市場中占據有利位置，實現更大的商業價值。

第八章
顧客開心掏錢的成交策略：9 種高效成交法則

成交，從來不是靠施壓，而是讓顧客心甘情願地說出「我願意」。當顧客願意掏錢，不是因為被說服，而是因為你幫助他做出正確且舒適的選擇。本章將帶你精準掌握九種實戰成交法，從語言策略到心理引導，讓每一次互動都朝著成交邁進。

你將學到如何運用「選擇成交法」讓顧客自我決定、「假定成交法」創造順理成章的購買氛圍、「優惠成交法」刺激行動慾望，還有「試用成交法」讓體驗成為最好的說服工具。無論是面對猶豫型、觀望型、還是價格導向型顧客，都能找到合適的突破口。

成功的銷售並非話術堆砌，而是對人性與時機的把握。當你理解顧客的決策邏輯，成交就不再是難題，而是一場合作的完成。這一章，讓你把每一位顧客，都變成願意掏錢的朋友。

選擇成交法：讓顧客無法拒絕的銷售策略

選擇成交法，又稱為「以二擇一法」，是一種銷售技巧，讓業務員在假定客戶一定會購買的基礎上，為客戶提供一個購買選擇方案，並要求客戶從中選擇。這種方法的關鍵在於先假定成交，再讓客戶選擇，從而順利促成交易。

選擇成交法的運作方式

具體來說，選擇成交法通常是在詢問客戶的選擇時，提供兩個選項（例如規格、顏色、數量、送貨時間等），讓客戶進行選擇。這樣的選擇方式並不讓客戶處於「買還是不買」的兩難，而是讓客戶在選擇產品屬性時，感覺到自己仍然在主導決策過程。這樣，客戶更容易做出決定，並且快速達成交易。

例如，銷售員可以問：「這套衣服您是要白色的還是黑色的？」或「我們可以在禮拜二還是禮拜三發貨，您更喜歡哪一天？」這些問題看似是提供選擇，但實際上，無論客戶選擇哪一個選項，銷售員都能成功達成交易。

選擇成交法的應用場景

選擇成交法的前提是客戶已經對產品有了購買意向，業務員只需要引導客戶選擇產品的具體屬性（如規格、價格、數量等），而不是在是否購買的問題上做選擇。因此，選擇的範圍應該限定在成交的範疇內，讓客戶選擇產品的屬性而非「買與不買」的選擇。這樣可以有效減少客戶的選擇困難，並且快速促進交易。

半推半就的選擇成交法

除了直接的選擇成交法外，還有一種半推半就的選擇成交法。這種方法是逐步將客戶的決策時間從未來推向當下，讓客戶覺得今天做決定是一個自然而然的選擇。例如，當客戶原本打算明年再考慮購買時，銷售員可以提出現在做決定將有額外優惠或好處，這樣能引導客戶做出當下的選擇。

選擇成交法的注意事項

避免選擇過多：提供的選擇應該讓客戶容易做出決定，避免過多的選項引起選擇困難。最佳的選擇數量是兩個，最多三個，這樣能夠讓客戶迅速做出選擇，避免拖延時間，降低成交機會。

避免否定詞：選擇成交法有助於減少客戶說「不」的機會，因為一旦顧客說出「不」字，就很難再次改變為「好」。選擇成交法可以透過提供選擇，而非直接要求購買，讓客戶避免進入拒絕的心理狀態。

當好參謀，協助決策：業務員應該在提供選擇的過程中協助客戶做出決策，而不是只是讓顧客自己選擇。業務員可以根據客戶的需求提供合理建議，幫助客戶做出最佳選擇，這樣能促進交易的順利進行。

練習熟練，達到條件反射：選擇成交法需要業務員在日常銷售過程中不斷練習，才能達到「條件反射」的效果。當客戶表現出猶豫或疑慮時，業務員可以快速反應，提出選擇方案，並引導客戶順利做出決定。

選擇成交法的優點

選擇成交法的最大優點在於它能夠有效減輕客戶的心理壓力，並創造良好的成交氛圍。表面上看，這是將成交的主動權交給了客戶，但實際上業務員已經在選擇的範圍內安排好了交易結果。這種方法不僅加快了決策過程，還能讓客戶感覺到他們在決策中擁有更多的選擇和控制權，從而提高成交的可能性。

成功的銷售需要巧妙的選擇

選擇成交法是一種非常有效的銷售技巧，透過提供簡單的選擇方案，業務員可以引導顧客做出購買決定，並縮短成交的時間。關鍵在於對客戶需求的精確把握，並且在選擇的過程中給予合理的指引，最終達到成交的目的。熟練掌握選擇成交法，讓顧客感覺「除了成交，別無選擇」，便能在競爭激烈的市場中脫穎而出。

迂迴成交法：繞道而行，巧妙達成交易

在生活中，有些人處事直截了當，言辭鋒利，但這樣的方式有時並不適合所有場合。尤其是在銷售過程中，若是直接進攻可能會使顧客感到壓力甚至反感，此時使用迂迴成交法便能達到事半功倍的效果。這種方法的核心在於繞過正面衝突，透過巧妙的引導來促成交易。

迂迴成交法的基本原則

迂迴成交法是指在正面推銷無法奏效的情況下，改變銷售策略，轉向更柔和、更具誘導性的方法來達成成交。這種方法並非一味的強行推銷，而是巧妙地找到顧客的心理弱點，進行巧妙的迂迴，逐步引導顧客接受你的提議。

這樣的技巧就像生活中的「拐彎抹角」—— 有些人不易接近或理解時，我們便需要以柔和的方式去交流，尋找合適的時機和突破口。在銷售中，我們應該避免正面衝突，採取策略性的迂迴進攻。

李樂學生的迂迴術

明朝嘉慶年間，「給事官」李樂因為揭露科考舞弊遭到皇帝的惡意對待，並因此被封住嘴巴。然而，李樂的學生在關鍵時刻巧妙地運用了迂迴技巧。他站出來大聲責罵李樂，將封條打破，並藉此機會救下老師。這一幕顯示了在某些情況下，直接與正面對抗的方式往往不如迂迴的方式來得更有效。在面對困難時，這位學生的「曲意逢迎」巧妙改變了局勢，也成功幫助李樂化解危機。

迂迴成交法在銷售中的運用

在銷售過程中，當顧客的牴觸情緒或顧慮逐漸增強時，業務員應該立即調整策略，避免強硬推銷。此時，迂迴成交法便成為一種有效手段。

首先，業務員需要辨識顧客的心理活動和需求，並選擇正確的時機改變溝通策略。例如，當顧客對價格有所疑慮時，業務員可以暫時轉移話題，從顧客的需求和產品的附加價值入手，減少顧客對價格的焦慮。這樣一來，顧客在不知不覺中被引導回到購買的正軌上。

例如，若顧客對價格有所抗拒，業務員可以先談論產品的性能、品質或服務，讓顧客感受到產品的價值。一旦顧客對這些方面有了充分的認知，他們的價格敏感度會相對降低，進而更容易接受你提供的價格條件。

迂迴成交法的技巧和注意事項

尋找顧客的需求切入點：成功的迂迴成交法需要先了解顧客的需求和心理。在顧客表達出不確定的時候，業務員應該從顧客的顧慮入手，進行輕鬆自然的對話，並適時提供解決方案。

避免直接對抗：當顧客提出拒絕或疑問時，不應該立刻反駁，而是應該調整思路，轉換話題，引導顧客進入更多的思考層面。例如，可以提出另一個選擇或提供更多的選項，從而讓顧客感覺到有更多的選擇餘地。

慢慢地建立信任：與顧客的交流不僅僅是為了達成銷售，更是建立信任的過程。業務員可以透過與顧客分享一些相關案例或經驗，讓顧客感受到業務員的專業性和誠意，這樣顧客的防備心會減少，更容易接受後續的建議。

分散顧客的注意力：在顧客過度關注某些問題時，業務員可以將顧客的注意力引導到其他方面，讓他們逐步放鬆對購買決定的焦慮。這樣的策略能讓顧客在更輕鬆的心態下做出最終的購買決策。

迂迴成交法的優點

減少顧客抗拒情緒：這種方法有助於減少顧客的反感情緒，使他們在無壓力的環境下做出購買決定。

促使顧客做出決策：迂迴的策略能有效打破顧客的猶豫，讓他們進一步考慮你的提議並最終做出購買決定。

增加成交的機會：迂迴成交法使得顧客在覺得自己擁有選擇權的情況下，更容易接受交易條件，增加了成交的機會。

靈活運用迂迴成交法促進交易

迂迴成交法是一種高效的銷售技巧，尤其適用於那些顧客難以直接接受的情況。透過巧妙的繞過正面衝突，業務員能夠引導顧客在不知不覺中做出購買決策。這種方法不僅能夠有效化解顧客的抗拒情緒，還能提高成交的可能性。在銷售過程中，靈活運用迂迴成交法，能讓業務員在各種情況下達成目標，最終實現交易的成功。

假定成交法：讓交易順理成章

假定成交法是一種積極主動的銷售技巧，指的是銷售員在假定顧客已經接受了銷售建議的情況下，直接進入實質性問題的詢問。這種方法的關鍵在於透過提前假設成交，將整個談判的起點提高，使顧客在潛意識中感覺到交易已經基本達成，從而更容易接受後續的條件和要求。

假定成交法的運作方式

在銷售過程中，當銷售代表發現顧客對產品或服務有興趣，並且表現出一定的購買意向時，可以開始假定成交法。銷售員不再等待顧客的明確回答，而是直接進入下一步的實質性問題，這樣能夠有效減少顧客的猶豫與不確定性。

例如，在甲公司銷售代表與乙公司代表進行銷售談判的過程中，雙方開局談得非常融洽。此時，甲公司銷售代表可以主動提出：「您看什麼時候把貨送到您那裡？」這樣的提問會讓乙公司代表感覺交易已經是順理成章的事，而這樣的假定會促使對方進一步思考具體的交貨時間。

如果乙公司代表表現出沒有反感的情緒，銷售代表可以進一步試探性地問道：「您想要大包裝，還是小包裝？」或者直接說：「這是訂貨單，請您在這裡簽個名。」這樣的提問方式有效地將談判帶入了實質性的決策層面，顧客在潛意識中會感覺到，已經走到了成交的最後一步。

假定成交法的優勢

提高成交的預期：這種方法透過提前假設成交，能夠在顧客心中塑造出交易已經進行的預期，這能有效消除顧客的疑慮，讓他們更容易做出購買決定。

減少顧客的猶豫：很多顧客在購買時會表現出猶豫不決，這會拖延成交進程。假定成交法直接將談判的焦點引導到實質性問題，使顧客感覺到交易進入了正常流程，有助於減少顧客的拖延和猶豫。

強化信任感：假定成交法讓顧客覺得自己是交易的主導者，銷售員的專業性和自信心能夠進一步增強顧客對其的信任。

節省時間，促進決策：假定成交法能夠直接促進顧客做出決策，避免在反覆思考中浪費過多時間，從而提高成交的效率。

使用假定成交法的注意事項

辨識顧客的購買信號：在使用假定成交法之前，銷售員需要先觀察顧客的態度和行為，確保顧客對產品或服務已經有足夠的興趣和購買意向。若顧客尚未表現出強烈的購買意圖，直接使用假定成交法可能會適得其反，讓顧客感到壓力。

語氣與措辭要自然：假定成交法的核心在於讓顧客覺得這是自然的流程，而非強迫或是推銷過頭。因此，銷售員的語氣和措辭必須自然、親切，避免讓顧客感覺到被催促或施壓。

選擇合適的時機：假定成交法應該在顧客表現出購買意向或已經進入決策階段時使用。在此階段，顧客更願意做出選擇，因此銷售員可以進一步引導他們。

提出簡單明瞭的選擇：銷售員在提出問題時，應該選擇簡單且清晰的選擇，避免讓顧客感到困惑或迷茫。選擇不應該過多，最好控制在兩個選項內，這樣顧客能夠迅速做出決定。

假定成交法帶來的成交機會

假定成交法是一種極具效率的銷售技巧，透過假設顧客已經接受了銷售建議，並引導他們進入實質性選擇的階段，能夠顯著提高成交的概率。這種方法不僅能減少顧客的猶豫，還能有效提高銷售員的信心和專業形象。運用得當，假定成交法能夠讓銷售員在競爭激烈的市場中脫穎而出，實現更高效的交易和更穩定的業績。

異議探討法：突破猶豫，促成交易

異議探討法是一種針對處於猶豫階段的客戶的銷售技巧，尤其在客戶已經接近成交的時候，當他們還有一些疑慮時，這種方法能有效解決客戶的問題，進而促成交易。這種方法與銷售過程中的異議處理不同，主要是在成交的關鍵時刻進行針對性的提問與解答，從而排除客戶的顧慮，達成最終交易。

異議探討法的基本原則

異議探討法的核心在於透過引導性問題來探討並解決客戶的疑慮。當客戶表現出猶豫不決或提出異議時，銷售員應該透過恰當的提問來挖掘客戶的真正顧慮，並針對性地進行解答。這樣的方式能幫助客戶減少不確定性，從而更快地做出決策。

這種方法適用於成交階段的各種客戶異議，常見的異議類型包括：

- 價格異議：「如果再便宜點就好了」
- 時間異議：「我還要再考慮考慮」

- 服務異議：「萬一運行中出毛病可就慘了」
- 權力異議：「我自己做不了主，還得請示一下」

這些疑問可能會讓客戶延後或取消購買決定，因此銷售員應該針對性地進行解答，消除客戶的不安，幫助他們快速達成交易。

異議探討法的具體操作

假設甲乙雙方已經達成基本協議，並且接近簽約時，乙方仍然猶豫不決。此時，甲方銷售員不能放棄成交機會，而應該根據乙方的心理狀態，適時進行異議探討。例如：

價格異議：如果乙方說「如果再便宜點就好了」，銷售員可以引導性地問：「您覺得這個價格對您的預算來說還有壓力嗎？如果這個產品能夠帶來更多的價值，您是否覺得價格問題可以再討論一下？」

時間異議：如果乙方說「我還要再考慮考慮」，銷售員可以問：「您覺得還有什麼是您需要進一步了解的？我很高興能提供更多的資訊，幫助您快速做出決策。」

服務異議：如果乙方說「萬一運行中出毛病可就慘了」，銷售員可以進一步了解乙方的具體擔心，並提供相關的保證或服務方案：「我們的售後服務非常完善，並且提供 × 年的保固期。您可以放心，萬一出現問題，我們會即時處理。」

權力異議：如果乙方說「我自己做不了主，還得請示一下」，銷售員可以詢問：「請問您是需要向誰請示呢？我可以提供一些資料或解答疑問，幫助您順利向上級報告。」

異議探討法的技巧

聆聽並理解異議的本質：當客戶提出異議時，銷售員應該仔細聆聽，理解客戶的真正顧慮是什麼。只有了解異議的根源，才能夠有針對性地解答，消除顧客的疑慮。

引導性提問：異議探討法中的提問應該是引導性的，而不是直接反駁客戶的觀點。這樣的問題可以幫助客戶自己發現問題的解決方式，從而更容易做出決策。

保持積極的態度：即使客戶提出異議，銷售員也應該保持積極的態度，給予客戶信心。避免顧客感覺到被壓力逼迫，而是應該幫助他們覺得這是一個理智的決策。

提供具體的解決方案：針對每一個異議，銷售員應該提供具體的解決方案，讓顧客感覺到問題可以被快速解決，從而消除顧客的疑慮。

異議探討法的優點

- 有效解決顧客疑慮：異議探討法能夠深入挖掘顧客的真實想法，並提供解決方案，從而讓顧客感受到自己的問題被重視，減少顧慮。
- 促進決策：這種方法能夠有效加快顧客的決策過程，幫助他們在猶豫不決的情況下做出選擇。
- 提升顧客信任：透過細心聆聽和針對性的解答，顧客會感受到銷售員的專業性，從而提高對銷售員的信任。
- 提高成交率：異議探討法可以幫助銷售員排除顧客的疑慮，從而提高成交的機會和效率。

異議探討法促進成交的關鍵作用

異議探討法是一種非常有效的銷售技巧，特別適用於在成交階段遇到顧客猶豫不決的情況。透過對顧客異議的深入探討和針對性解答，銷售員可以有效解決顧客的疑慮，消除他們的顧慮並促使他們做出購買決定。這不僅能加快成交過程，還能提升顧客對銷售員的信任，最終達成雙方的共贏。

從眾成交法：利用群體影響力促進銷售

從眾成交法是一種利用客戶的從眾心理來促使交易的銷售技巧。從眾心理是指人類在面對選擇時，常會受到周圍人或社會群體的影響，傾向於遵循他人行為的心理現象。這種心理效應常常在日常生活中發揮重要作用，並在銷售過程中被運用來引導顧客的購買決策。

從眾心理的基本原理

從眾心理源自於人類對群體行為的遵循，這是一種深植於人類行為中的本能。無論是由於社會規範的壓力，還是基於自己希望得到認同的需求，許多人在面對選擇時會自然傾向於跟隨群體的選擇。這一心理現象在購物中尤為明顯，顧客往往會選擇他們所認為被大眾推崇的品牌或商品，因為這樣可以讓他們覺得自己做出了「正確」的選擇。

從眾成交法的具體操作

從眾成交法的實質是藉助客戶間的影響力或社會心理壓力來促進交易。通常，這需要銷售員巧妙地運用一些策略來引發顧客的從眾心理。例如，當顧客對某個商品表現出興趣但還未決定時，銷售員可以適時地提到這個商品的受歡迎程度或是它的暢銷狀況，從而激發顧客的購買欲望。

舉個例子，當一位顧客在選擇化妝品時，銷售員可能會說：「這款產品最近非常熱賣，很多客人都選擇了它。」這樣的言語可以讓顧客覺得，既然這麼多人都選擇了這款產品，那它肯定是有某種特殊的吸引力或者效果，從而激發他們的購買欲望。

另一個常見的例子是，在顧客詢問某款商品是否有庫存時，銷售員可以說：「對不起，這款商品現在缺貨，明後天才能到貨，要不，我先幫您留一件？」聽到這樣的話，顧客往往會認為，既然這款商品缺貨，說明它是受歡迎且高品質的，從而產生購買的衝動。這就是運用了「缺貨＝暢銷＝優質」這一心理暗示來促成交易。

從眾成交法的應用範圍

從眾成交法廣泛適用於以下幾個場景：

- 產品暢銷：當一個產品在市場上非常受歡迎，銷售員可以用「大家都在買」來引發顧客的購買欲望。
- 社會認同：利用其他顧客的選擇來影響潛在顧客的決策，譬如展示其他顧客的好評、推薦或購買行為，從而使顧客認為這是大眾的選擇，必然是好的。

◈ 製造稀缺感：透過告訴顧客某個商品快要賣完或即將缺貨，讓顧客感覺到如果不及時購買，就會錯失良機。這樣可以激發顧客的焦慮心理，促使他們迅速做出購買決定。

使用從眾成交法的注意事項

誠實和真實性：在運用從眾成交法時，所提供的所有資訊必須真實可信。如果銷售員僅僅為了促進銷售而虛假陳述商品的受歡迎程度或庫存情況，這樣的做法可能會迅速破壞顧客對品牌或商家的信任，最終損害銷售的長期發展。

適度使用：雖然從眾成交法能夠有效促進交易，但如果過度使用或給顧客過多的從眾暗示，顧客可能會感到被操控或施壓。因此，銷售員應該適度運用這一策略，確保顧客的選擇仍然是自發和舒適的。

避免過度推銷：使用從眾成交法時，銷售員需要保持冷靜和理智，不應該過度強調商品的需求或推銷的緊迫性，這樣可以避免給顧客帶來壓力，讓他們感到選擇是基於自己的需求，而非外界的強迫。

從眾成交法的優點

激發顧客的購買欲望：從眾成交法能夠巧妙地利用顧客的社會認同需求，促使顧客做出購買決定，這是提高成交率的一個有效策略。

提高產品的市場接受度：當顧客看到許多人都在購買某款商品時，他們會認為這款商品具有一定的市場價值，這種心理會促使更多顧客跟隨，形成一個良性的循環。

塑造品牌形象：透過運用從眾成交法，銷售員可以幫助品牌樹立「受歡迎」的形象，讓顧客覺得購買這款商品是理智且時尚的選擇。

從眾成交法的價值與風險

從眾成交法是一種非常有效的銷售策略，能夠利用顧客的社會心理來促進交易，提升產品的吸引力。這種方法能夠幫助銷售員創造出一種購買氛圍，使顧客更容易做出購買決定。然而，使用時必須保持誠實並謹慎，避免虛假或過度誇大產品的受歡迎程度，以免引起顧客的反感。適當的使用從眾成交法，能夠為銷售帶來顯著的效果，並增強顧客的滿意度和忠誠度。

提示成交法：
強調產品優勢，助力決策達成

提示成交法是一種銷售技巧，透過對產品優勢和購買後的利益進行概括與重點提示，幫助顧客做出購買決定。這種方法雖然是對銷售建議的重複，但由於將顧客關心的核心利益進行了總結和強調，因此依然能夠非常有效地促進交易的達成。

提示成交法的基本原理

提示成交法的核心在於強調產品的關鍵優點和顧客在購買後能夠獲得的實際利益。當顧客對產品有了初步了解後，銷售員會利用簡潔明確的語言，概括產品的賣點，並引導顧客把焦點放在最符合其需求的方面。這樣不僅能加深顧客對產品的認識，還能強化他們的購買動機。

此方法的關鍵是清晰且針對性地重複產品的優勢，並將其與顧客的需求和期望緊密相連。銷售員需要仔細分析顧客的心理，並根據顧客的需求來做出相應的提示，使顧客覺得這是對自己最有利的選擇。

提示成交法的實際應用

在化妝品銷售中，提示成交法可以幫助銷售員強化產品的價值感。例如，一位銷售員可以對一位中年婦女客戶說：

「我們推出的美白露不僅擁有其他同類產品的優點，它還特別注重皮膚的保養效果。美白只是其中的一個好處，這款產品能有效滋潤您的皮膚，讓肌膚更加有光澤和彈性，對於中年女性來說，保持皮膚的滋潤和彈性是保留青春的關鍵。」

這樣的語言不僅強調了產品的多重優勢，還具體地對應了中年女性對皮膚保養的需求，並且巧妙地強化了產品在顧客心中的價值。這樣的提示讓顧客在理解產品優勢的同時，感受到購買該產品能帶來的實際益處，從而更容易做出購買決定。

提示成交法的優勢

強化產品優勢:透過將產品的核心優勢進行概括和強調，提示成交法能幫助顧客更清晰地理解產品的價值。這樣有助於顧客做出正確的購買決策，避免在選擇過程中猶豫不決。

滿足顧客需求：在提示成交法中，銷售員能夠精確地對接顧客的需求，透過專注於顧客最關心的方面，提升產品對顧客的吸引力。

加強顧客信心：重複強調產品的優勢和購買後的利益，有助於顧客增強信心，認為這是對自己有利的購買決策，從而更容易接受銷售員的建議。

提高成交率：當顧客能夠明確了解產品的價值並感知到自身能夠從中獲得的好處時，他們的購買意願將顯著提高，最終促進交易的成功。

提示成交法的運用技巧

簡單明瞭的概括：提示成交法應該使用簡單、直接的語言來概括產品的優勢，避免過於冗長或複雜的描述。重點要突出顧客最關心的產品特點。

針對性強的提示：根據顧客的需求和購買動機，對產品的優勢進行有針對性的強調。例如，對注重皮膚保養的中年婦女，強調產品的滋潤和彈性效果，而非僅僅關注美白效果。

建立情感連繫：銷售員應該與顧客建立情感連繫，透過理解顧客的需求來進行提示。這樣不僅能幫助顧客做出選擇，還能增強顧客的購買信心。

保持專業性與真誠：提示成交法的成功離不開銷售員的專業性和真誠，銷售員應該誠實地傳遞產品優勢，而非過分誇大。這樣能保持顧客的信任，提升品牌形象。

提示成交法促進成交的重要作用

提示成交法是一種非常有效的銷售技巧，它透過將產品的優勢進行概括和重點提示，讓顧客能夠清晰地認識到自己將從產品中獲得的實際好處。這種方法不僅能強化顧客的購買信心，還能提高銷售員的成交率。透過適當運用提示成交法，銷售員可以更有效地引導顧客做出購買決策，最終達成交易。

機會成交法：
創造緊迫感，促使即時購買

機會成交法是一種銷售策略，旨在透過提示客戶即將失去的優惠或機會，促使客戶立即做出購買決定。這種方法依靠客戶的機會心理，即人們對於稀有或即將失去的機會具有天然的吸引力和重視程度。當顧客覺得錯過了某種優惠或機會時，會更加迫切地希望抓住這個機會，從而加快購買決策的速度。

機會心理的運作原理

機會心理是指當顧客知道某項產品或服務只在特定時間內提供，或者某個優惠將在不久後結束時，顧客往往會因為擔心錯失這個機會，而更願意立即購買。這種心理效應在日常生活中無處不在，無論是限時促銷、折扣優惠還是限量商品，這些因素都能夠有效激發顧客的購買欲望。

機會成交法的具體運作

機會成交法的核心在於透過創造時間或數量上的限制，來引發顧客的緊迫感。例如，商家會在促銷活動中設置倒計時或宣告某款商品「限時折扣」，這些方式可以有效吸引顧客的注意，並促使他們迅速做出購買決策。

舉例來說，在購物季節，一家洗衣機品牌抓住這一時機，推出了 25%的折扣活動。這個優惠僅在特定時間內有效，因此，當顧客得知這一消息時，他們會感到這是一個難得的機會，若不立刻購買，將會錯失這個優惠。這樣的促銷活動不僅吸引了需要購買新洗衣機的家庭，還幫助該品牌在競爭激烈的市場中占據了優勢，並給競爭對手造成了壓力。

機會成交法的實際應用

限時折扣：商家可以在特定時間內提供折扣或促銷活動，並強調這些優惠只在短期內有效，讓顧客產生「如果不趕快行動就錯過了」的緊迫感。

限量商品：利用限量發售的策略，向顧客展示某個商品的稀缺性，從而激發顧客的購買欲望。例如，銷售員可以告訴顧客：「這款手機僅剩少量庫存，錯過這次機會就沒了。」

最後機會提醒：在銷售過程中，銷售員可以在顧客猶豫時進行適時提醒，例如：「這個優惠活動只剩下最後一天，您要不要現在決定？」

快速決策激勵：提供額外的小優惠或贈品，作為快速決策的獎勵，促使顧客在限定的時間內做出購買決定。

機會成交法的優點

激發顧客的購買欲望：當顧客覺得某個機會即將失去時，他們通常會更加珍惜這個機會，這樣可以迅速激發顧客的購買欲望，並加快交易過程。

提高成交率：透過營造時間或數量的緊迫感，顧客更容易做出決策，從而提高銷售的成功率。

創造焦慮心理：顧客常常對失去機會的焦慮心理敏感，銷售員可以利用這一點，讓顧客在購買過程中產生強烈的購買動機。

增加品牌價值感：透過創造稀缺感，顧客會認為產品或服務更具價值，這樣不僅有助於促進交易，還能提升品牌的吸引力。

機會成交法的運用技巧

創造真實的時間壓力：避免使用過於常見的「限時折扣」這類表述，而是提供真實且具體的時間限制，這樣顧客才會感覺到切實的壓力。

精確選擇促銷時機：促銷活動的時機需要選擇得當，例如在顧客需求高峰時推出優惠，這樣可以最大程度地提高銷售機會。

真實的數量限制：在設置限量商品時，要確保這些商品的數量真實存在，避免過度誇大，否則顧客可能會對促銷活動產生懷疑，影響品牌的信任度。

適時提醒顧客：當顧客表現出猶豫時，銷售員應該及時提醒顧客：「這是最後的機會，這個優惠快要結束了，如果您考慮好，我可以立即為您安排。」

機會成交法的價值與挑戰

機會成交法是運用顧客的機會心理來促進交易的一種非常有效的銷售策略。透過製造有限時間或數量的優惠，這種方法能夠激發顧客的購買欲望，提升銷售的成交率。然而，這一方法必須建立在真實的促銷和公平的基礎上，否則可能會適得其反，損害品牌的信譽。適當使用機會成交法，能夠幫助銷售員在競爭激烈的市場中脫穎而出，實現更高效的交易。

優惠成交法：利用求利心理，提高成交率

優惠成交法是一種銷售技巧，透過為顧客提供優惠條件來促使顧客做出購買決定。這種方法利用顧客的求利心理，並以留有餘地的策略促進交易，旨在透過給予顧客感覺「划算」的機會來加速成交過程。

優惠成交法的基本原理

優惠成交法基於顧客對利益的強烈需求，當顧客覺得某項商品或服務在價格上有明顯優惠時，他們往往會更快做出購買決策。這種方法的核心是透過讓顧客感覺自己獲得了價值高於支付的金額，從而促進交易。然而，這種方法的長期使用可能會使顧客習慣於尋找優惠，進而對優惠的期望值提高，影響未來的銷售。

優惠成交法的具體運作

優惠成交法的運作依賴於為顧客提供優惠或折扣，這些優惠能夠觸發顧客的購買動機。以下是幾個常見的優惠成交策略：

- 限時折扣：在特定時間內，提供商品的價格折扣，這樣的促銷能夠激發顧客的緊迫感，迫使他們在有限的時間內做出購買決定。
- 購滿優惠：顧客在購買滿一定金額後，能獲得額外的折扣或贈品，這種優惠使顧客覺得只要再多買一點就能享有更大優惠，從而提高了銷售額。
- 捆綁銷售：將多個商品打包銷售，給予顧客一定的價格優惠，這樣不僅促使顧客購買更多產品，還能有效清理庫存。
- 首單優惠：對首次購買的顧客提供一定的折扣或禮品，這樣不僅能吸引新客戶，還能增加顧客的購買意願。

優惠成交法的優勢

吸引顧客迅速購買：優惠成交法能夠有效利用顧客的求利心理，吸引他們在較短的時間內做出購買決定。

提高銷售額：透過設置優惠條件，顧客通常會購買更多產品，從而達到提高銷售額的目的。

建立品牌忠誠度：提供優質的優惠條件能夠增強顧客對品牌的好感，並激勵他們進行再次購買。

快速清理庫存：當商品庫存積壓時，優惠成交法能夠快速清理不需要的商品，為企業提供流動資金。

優惠成交法的挑戰與風險

優惠心理的逐漸提高：顧客對優惠的期望值會隨著時間增長而提高。如果優惠條件過於頻繁，顧客可能會等待下次的優惠而不願意按原價購買，這樣會導致優惠的激勵效果逐漸減弱。

長期成本承擔問題：優惠策略通常會涉及到企業的成本支出，尤其是在薄利多銷的情況下，優惠的費用可能會轉嫁到企業或顧客的一方，這樣就會影響商業模式的可持續性。

對品牌形象的影響：如果優惠策略過於頻繁，顧客可能會認為該品牌的產品本身價值不高，從而影響品牌形象，甚至使顧客對品牌的忠誠度降低。

市場壓力的增大：在競爭激烈的市場中，長期使用優惠成交法可能會給競爭對手帶來壓力，使市場價格惡性競爭，企業很難保持可持續的利潤。

優惠成交法的運用技巧

設置合理的優惠範圍：優惠的設置應該在一定範圍內，以避免過多的優惠導致顧客對價格產生過高期望。避免無節制的優惠活動，保證優惠不會對企業的利潤造成過大壓力。

針對性地提供優惠：優惠應該根據顧客的需求進行設

置，對不同的客群提供相應的優惠，例如針對首次購買的顧客設置首單優惠，針對忠實顧客設置積分回饋等。

限時或限量優惠：設置優惠的時間或數量限制，能夠激發顧客的緊迫感，促使他們迅速做出購買決定。這種方式能夠有效防止顧客對優惠條件的過度依賴。

強調優惠的價值：銷售員在推廣優惠時，應該強調優惠的價值，讓顧客覺得這次購買是一次划算的交易。這樣不僅能提高顧客的滿意度，還能提高顧客的購買欲望。

優惠成交法的價值與風險

優惠成交法作為一種有效的銷售策略，能夠迅速促進交易，吸引顧客的注意力，並提高銷售額。透過合理設置優惠條件，能夠有效增強顧客的購買動機，並幫助企業實現銷售目標。然而，這一方法的長期使用需要謹慎，以避免顧客對優惠的過高期望，以及對品牌形象的損害。合理運用優惠成交法，將能夠達到促進銷售與提升顧客忠誠度的雙重效果。

試用成交法：讓客戶親身體驗促進購買決策

試用成交法是一種讓客戶在購買前先試用產品的銷售方法。這種方法的基礎心理學原理是：人們對於未擁有的東西往往不會產生太多依賴感，但一旦擁有，無論產品是否完美，失去它時往往會感到一種失落感。因此，人們往往會傾向於保留已經擁有的東西，這是由於對失去的抗拒和對擁有的依賴。

這種方法非常適用於那些對產品有需求，但又因為疑慮或不確定性而猶豫不決的顧客。透過試用產品，顧客能夠親身體驗產品的價值與好處，從而提高他們的信任感和購買信心，並在試用後形成購買的動機。

試用成交法的基本原理

根據心理學，試用成交法利用了「擁有感」的效應。當顧客試用了產品後，雖然他們可能不完全滿意產品的所有方面，但一旦他們對產品有所擁有，就容易產生對失去的恐懼感。這使得顧客在試用過程中建立起對產品的依賴，從而提升購買的機會。

此外，試用產品還能夠增加顧客對品牌的信任感。在顧客試用過程中，若銷售員提供良好的支持和指導，顧客便會覺得品牌是可信的，這進一步強化了他們的購買信心。

試用成交法的具體運作

試用成交法通常包括以下步驟：

確定顧客需求：首先，銷售員需要確定顧客的需求，了解他們的疑慮和期望。這樣可以選擇最合適的產品來推薦給顧客試用。

提供試用機會：根據顧客的需求，銷售員可以提供一定時間的產品試用，讓顧客親身體驗產品的效果與功能。這樣，顧客就能感受到產品的價值。

指導使用過程：在顧客試用過程中，銷售員應該進行必要的指導，幫助顧客正確使用產品。這樣不僅可以增加顧客對產品的理解，也能促進顧客對品牌的信任。

加強溝通與信任：在試用期間，銷售員需要與顧客保持良好的溝通，解答顧客的疑問，並強調產品的優勢和顧客的使用體驗。這不僅能提升顧客的滿意度，還能建立更強的人際關係。

處理顧客顧慮：在顧客試用後，如果他們仍然猶豫不決，銷售員可以提供額外的保證條件，如允許退貨、免責條款等，減少顧客的購買風險，讓他們感覺更加安心。

試用成交法的優勢

消除顧客疑慮：對於那些對產品不確定的顧客，試用法可以幫助他們消除疑慮，讓他們真正感受到產品的好處。這樣顧客在決定購買時不會感到後悔。

提高顧客信任：試用過程中的指導與支持，有助於建立銷售員和顧客之間的信任。這種信任能夠促使顧客做出購買決策，並提高顧客對品牌的忠誠度。

促進交易：試用成交法有助於加快交易進程。當顧客試用後，感受到產品的價值時，他們通常會立刻做出購買決策，從而提高成交率。

加強人際關係：試用成交法還能幫助銷售員與顧客建立更好的關係。銷售員在試用過程中的指導和關懷，能讓顧客覺得銷售員關心他們的需求，這樣有助於增強顧客的滿意度。

試用成交法的挑戰與風險

顧客可能會因為不滿意而放棄購買：如果顧客在試用過程中對產品的表現不滿意，可能會直接放棄購買，甚至造成品牌形象的損害。因此，銷售員需要謹慎選擇提供試用的產品，並確保產品的品質過關。

過度依賴試用可能會降低成交率：如果銷售員過度依賴試用成交法，顧客可能會對試用過程產生依賴，並且僅僅期待更多的優惠和試用，而不真正進行購買。因此，銷售員需要適度運用此法，並與其他銷售策略相結合。

試用成本問題：產品提供試用可能需要額外的成本，這對企業來說是一項開銷。若企業的銷售策略未能有效回收這些成本，可能會對業務造成負擔。

試用成交法的運用技巧

選擇合適的產品進行試用：銷售員應該根據顧客的需求和產品的特性，選擇最能打動顧客的產品進行試用。

引導顧客積極參與使用過程：在顧客試用期間，銷售員應該積極提供指導和幫助，讓顧客更好地體驗產品的優勢。

強化售後服務與保障：在試用結束後，銷售員應提供良好的售後服務，並向顧客保證產品的品質與支持，讓顧客覺得購買無後顧之憂。

適時提供優惠和保障：在顧客試用後，若他們仍有顧慮，銷售員可以提供一些額外的優惠或保證條件，從而促進顧客的購買決策。

試用成交法的價值與挑戰

試用成交法是一種非常有效的銷售策略，尤其適用於那些對產品有需求，但又因疑慮而猶豫不決的顧客。透過試用，顧客能夠親身體驗產品的價值，從而增加購買的信心和決心。這種方法有助於消除顧客的疑慮、提升顧客對品牌的信任，並加強雙方之間的關係。然而，銷售員應該注意過度依賴此法的風險，並確保試用過程中產品的品質和服務能夠達到顧客的期望，從而達到最好的銷售效果。

第九章
銷售中的細節致勝法則：從電話禮儀到形象管理

在銷售的世界裡，真正拉開業績差距的，往往不是話術、資源或產品本身，而是那些容易被忽略的小細節。從接電話的語氣、拜訪時的服裝，到如何記住顧客的小習慣，這些看似微不足道的舉動，正是建立信任與專業感的關鍵。

本章將帶你重新審視銷售過程中的「無聲細節」——包括電話禮儀、拜訪流程、形象管理、隱私保護與情感連結。你會發現，從為顧客倒上一杯水開始，到一次貼心的問候或快速的回覆，都可能成為最終成交的催化劑。

在這個資訊透明、選擇過多的時代，顧客要的不只是商品，而是被看見、被重視的感受。細節不僅展現你的態度，也塑造你在客戶心中的可信度與專業形象。本章教你用細節打造差異，用真誠累積關係，贏得長久的信任與業績。

銷售細節決定成敗：從掛電話禮儀到客戶維繫

在銷售工作中，尤其是電話銷售，許多業務員都過於關注談話內容或銷售技巧，忽略了一個非常重要的細節——誰先掛電話。事實上，這個細微的舉動往往能夠影響銷售的最終結果，甚至會決定顧客是否繼續與你合作。作為一名專業的銷售人員，保持禮貌、尊重對方，並讓顧客先掛電話，這是商業禮儀中不可忽視的部分。

誰先掛電話的重要性

對於業務員而言，即使通話結束，顧客選擇掛電話並不代表交易的結束。實際上，誰先掛電話不僅是一種禮儀問題，還反映了銷售人員的專業素養。當業務員匆忙掛掉電話，尤其是顯示出不耐煩或情緒上的不滿時，顧客會感受到這種情緒，這會使他們對銷售過程產生負面印象，從而影響最終的交易結果。

Andy 的故事：細節中的成敗

Andy 是一位經驗豐富的銷售主管，他在企業中負責員工的培訓工作。在一次與下屬的交流中，他發現下屬在與大客戶溝通時，客戶有改變主意的情況，儘管之前的合作談判進行得相當順利。經過多次了解，Andy 發現問題的根源並不在產品或銷售方案上，而是在與客戶的溝通細節上，尤其是通話結束時下屬的掛電話習慣。

下屬習慣在與客戶通完話後，未等對方說再見便匆匆掛掉電話，甚至有時還會用力掛電話，發出「啪」的聲音。這種行為給客戶留下了不耐煩的印象，也使得客戶感到他缺乏誠意。Andy 很快意識到，這個小小的細節竟然影響了銷售進程，並讓客戶對合作產生了懷疑。

為什麼誰先掛電話至關重要

表現出對客戶的尊重：讓對方先掛電話是一種禮貌，顯示出業務員對客戶的尊重。在商業交往中，尊重是一個基本且關鍵的要素，它能讓客戶感受到被重視和關心。

建立良好的第一印象：在每一次通話結束時，業務員應該保持冷靜，避免情緒化反應。即便生意未能達成，結束通話時的禮儀依然能夠幫助業務員在客戶心中建立正面的形象。

避免負面影響：匆忙掛電話或強行掛電話的舉動可能讓客戶感到業務員對談話不滿，甚至對他們的問題和需求不重視。這會導致顧客對業務員的信任下降，進而影響後續的商業合作。

維護業務的長期關係：即使交易未成功，良好的電話結束禮儀也能讓顧客記住這次溝通，這樣將來他們可能會再次聯絡業務員，或者給予推薦。

電話結束時的正確禮儀

讓對方先掛電話：在通話結束時，業務員應該讓客戶先掛電話。這不僅顯示出禮貌，還讓顧客感覺到自己在這次通話中占據了主導地位，從而增加了他們的好感。

避免情緒化掛電話：不論業務進展如何，業務員應該避免在結束通話時情緒化地掛掉電話。任何不耐煩或急躁的行為都會給顧客留下不好的印象。

保持禮貌和耐心：即便通話過程中談判未果，業務員依然需要保持禮貌，耐心聆聽顧客的需求。通話結束時，應簡潔地道謝並結束對話，避免匆忙切斷聯繫。

結束通話的話語：結束對話時，可以使用一些禮貌性結語，如「感謝您的時間，期待您的回應」或「如有任何問題隨時聯絡我們」。這樣能給顧客留下專業、尊重的印象。

細節決定成功

在銷售過程中，細節往往能夠決定最終的成敗。對於業務員而言，雖然銷售技巧和產品知識至關重要，但正確的電話禮儀同樣不可忽視。讓客戶先掛電話，這樣的小細節能夠顯示出銷售人員的專業素養，並增強顧客的好感。這不僅是禮儀問題，更是建立信任和促進銷售成功的重要因素。因此，業務員應該養成良好的電話結束習慣，即使生意未成，也要在禮貌的氛圍中結束通話，這樣才能促進長期的商業關係，並為未來的合作奠定基礎。

細節決定銷售成敗：
從討一杯水開始的成交智慧

銷售不是單純的技巧運用，它更需要敏銳地洞察顧客的心理，並透過細節來達成成功。銷售人員常常會忽略一些微小的細節，然而這些細節卻可能在關鍵時刻改變整個銷售過程。最有趣的是，這些細節往往來自於非常簡單、看似不起眼的行為，例如「討一杯水」。

為什麼向客戶討一杯水如此有效？

這個方法來自一位美國銷售員的經典案例。在與顧客見面時，他不直接進入銷售的話題，而是先提出一個簡單的請求：「您好，我口渴，您能給我一杯水嗎？」這樣的開場讓顧客不會立刻感到銷售壓力，反而自然地放鬆了心情。喝水的過程中，他能夠藉機與顧客閒聊，打開話匣子，這樣一來不僅增強了與顧客之間的關係，也為隨後的銷售創造了良好的氛圍。

這種方式的核心在於，業務員以一個非常小的要求開始，讓顧客感覺到自己有幫助對方，這樣的心理過程能夠引發顧客的「互惠心理」，也就是：既然我給了你一杯水，你也會覺得有責任幫助我達成其他需求，從而更容易接受後續的銷售建議。

細節的力量：以小換大

細節的力量在銷售過程中不容忽視。業務員如果在開場白中直接提及產品和價格，客戶可能會感到壓力，甚至開始產生抗拒情緒。相反，從生活中簡單的細節切入，能夠使顧客感受到銷售員的誠意和人情味，進而放下戒備，願意進一步交流。

此外，要求一杯白開水而不是飲料，正是細節中的重要部分。這並非是一個隨便的請求，而是一個非常小的、容易滿足的要求。這樣，顧客會覺得他們只需要提供一些微小的幫助即可，這樣的需求不會讓他們感到任何負擔或困擾，反而會增強他們對銷售員的好感。

讓顧客的心理產生錯覺

當顧客提供這杯水時，他們無形中已經對銷售員產生了一種「投資」的心理。從心理學角度來看，這種微小的「投資」會讓顧客認為自己和銷售員之間建立了某種關係，而他們會不自覺地延續這份心理一致性。他們會認為，既然已經給了銷售員一杯水，接下來也應該提供更多幫助 —— 例如購買產品。這就是所謂的「互惠原則」，當顧客覺得自己已經給了銷售員某些東西（即使是這麼小的要求），他們往往會感覺需要回報對方。

這一心理效應可以進一步增強銷售過程中的成功機率。當顧客感到自己從某人那裡獲得了好處，他們更有可能感到需要回報這份「恩情」。因此，銷售員只要利用這個簡單的技巧，就能引導顧客走向成交。

正確的時機與方法

雖然「討水喝」是一個非常微妙的策略，但它的效果卻是顯著的。為了最大化這一方法的效用，業務員應該注意以下幾點：

- 細心觀察顧客的反應：在請求水時，銷售員要注意觀察顧客的反應。如果顧客感到不便或不願意提供，那麼銷售員應該立即轉換話題，避免給顧客造成任何不適感。
- 建立良好的人際關係：透過這樣的小細節，銷售員能夠在無壓力的情況下建立與顧客之間的信任關係。這為後續的銷售奠定了良好的基礎。
- 避免過於商業化的開場白：在開場時，如果銷售員直接進入銷售話題，顧客會感到不舒服，甚至產生排斥。透過討水這樣的簡單行為，可以有效降低顧客的戒備心。

- 重視顧客的需求：銷售員應該了解顧客的需求，並從顧客感興趣的話題入手。在喝水的過程中，試著進一步了解顧客的想法，並自然地過渡到產品介紹。

細節創造成功

銷售過程中的每一個小細節，從開場白到如何結束電話，都可能成為成功與否的關鍵。「討一杯水」這樣看似簡單的行為，實際上卻有著深刻的心理學背景，能夠有效促進銷售的進行。當業務員透過這種方式與顧客建立起信任與共鳴時，成功的交易就變得水到渠成。因此，作為銷售人員，我們需要學會注意並善用這些細節，讓銷售過程變得更加自然與順利。

信任為本：
銷售成功的關鍵在於保護客戶隱私

在銷售工作中，業務員與客戶建立信任關係至關重要。而這種信任的基礎，往往來自於業務員對客戶隱私的保護和對敏感資訊的謹慎處理。無論是小細節還是重要資訊，業務員都需要時刻保持警覺，絕不能讓客戶的祕密成為談資或交換的籌碼。這不僅關乎業務員的專業素養，更是業務成功的關鍵。

為什麼保護客戶隱私至關重要

有一位年輕的銷售員，剛進入銷售行業，還缺乏經驗和成熟的判斷。一天，他遇到一位客戶要求購買次級品，出於好奇，這位年輕銷售員將此事與其他同事和客戶分享，並且發表了不當評論。沒想到，這位客戶發現後非常生氣，甚至威脅要求公司解僱該銷售員。最終，這名年輕人因為不懂得保護客戶隱私，失去了這份工作。

這個案例告訴我們，銷售人員需要時刻保持專業，尤其在處理涉及客戶隱私的問題時，要格外謹慎。客戶對於隱私的需求往往高於其他，若業務員不慎洩露，可能會對客戶的生活或工作造成不可估量的影響，最終也會危害到自己和公司的聲譽。

隱私保護：商業道德的基礎

在許多國家和地區，對於顧客隱私的保護是法律規定的重要部分。例如，美國的信用卡交易系統非常普及，顧客的購物資料會涉及到個人姓名、住址以及購買的商品。如果這些資訊被隨意洩露，不僅會給顧客帶來困擾，有時還可能面臨法律責任。比如，一位未婚教師購買避孕藥，如果這一行為被公開，可能會因為當地的道德規範而面臨被解僱的風險，甚至社會關係也可能因此受到影響。

這些情況提醒我們，作為業務員，我們要對客戶的隱私負責，保護客戶的個人資訊，才能維護我們與客戶之間的信任與長期合作。

名人隱私的保護：同樣重要

舉個例子，假如一位名人到商店購買內褲，作為銷售員，你可能會覺得這是一筆普通的交易。然而，如果這位名人的內褲尺碼被公開或討論，不僅會侵犯到他們的隱私，還可能引發法律問題。因此，無論顧客是普通人還是名人，對他們的隱私都應該給予同樣的重視和保護。這不僅是對顧客的尊重，也是保護業務員職業道德的一部分。

客戶隱私的意義

每一位顧客都有自己的隱私，這些隱私可能包括個人生活、購買偏好或任何不願公開的資訊。作為銷售人員，我們必須學會保護這些資訊，並且理解它們對顧客的重要性。隨意透露這些細節，無論是在同事之間還是在社交場合，都可能導致顧客的不滿和信任的崩塌，最終影響業務的發展。

長期生意的根基：信任與誠信

在銷售中，細節往往決定成功與失敗。若無法保護客戶的隱私，哪怕業務員擁有再多的銷售技巧，也無法建立起穩定且長久的合作關係。事實上，銷售人員與客戶之間的信任關係建立在對隱私的尊重之上。當顧客感受到你對他們的誠意與保護，他們更容易對你產生信任，從而更願意進行長期的業務合作。

專業與誠信決定未來

銷售不僅僅是推銷產品，更是與客戶建立關係的過程。保護客戶的隱私是建立信任的基石。作為銷售人員，我們應該時刻保持專業，尊重每一位顧客的隱私，並且保持誠信。隨意洩露客戶的私人資訊，甚至是無意間的言論，都可能影響到顧客對我們的看法，甚至會導致銷售機會的流失。因此，學會保護客戶的祕密，不僅是銷售的道德要求，也是我們職業生涯中的必備素養。

顧客不只是上帝，更渴望成為朋友

在傳統的銷售觀念中，顧客常被稱為「上帝」，業務員需要盡全力服侍他們。然而，隨著市場的發展，顧客的需求和心理發生了變化，顧客不再僅僅是「上帝」，他們更願意與業務員建立真正的關係，把業務員當作朋友。這樣的轉變，對銷售人員來說，意味著更深層次的理解和更真誠的合作。

顧客不再是高高在上的上帝

在過去，顧客的地位通常被視為至高無上的。銷售人員的任務就是迎合顧客，滿足他們的每個需求。然而，隨著市場競爭日益激烈，顧客的權力發生了變化。他們不再單純依賴於銷售員的推薦，而是能夠主導選擇，並在各種選項中做出最佳決策。因此，今天的顧客更需要的是業務員能夠真正理解他們的需求，而非僅僅提供商品或服務。

對於顧客來說，過去的「上帝」角色太過抽象，太過遙不可及。顧客希望業務員能夠像朋友一樣，站在他們的角度思考，理解他們的需求與痛點，並提供量身定制的解決方案。這樣的銷售方式，更容易打動顧客，並且增強雙方的長期合作關係。

將顧客當朋友的真誠態度

例如，當顧客要求訂購一款高級的禮品盒時，他們希望在保持高品質的同時，又能控制成本。在這樣的情況下，業務員可以先根據顧客的需求給出兩個方案，並以友善的態度向顧客解釋：如果不想使用最低品質的材料，可以選擇紙質盒子而不是木盒，這樣可以更符合預算，同時不影響外觀效果。最終，顧客接受了業務員的建議，選擇了更適合的解決方案。

這樣的銷售方式正是將顧客視為朋友的表現。業務員不僅僅是提供一個產品或服務，而是以關心和理解的態度，協助顧客做出最符合他們需求的選擇。這樣的態度讓顧客感受到誠意，並且更願意建立長期的合作關係。

建立長期關係的關鍵：為客戶著想

如果業務員能夠始終將顧客的需求放在心中，並且以真誠的態度提供幫助，那麼顧客就會把業務員當作值得信賴的朋友，而不僅僅是交易的對象。比如，房地產業務員應該了解顧客的經濟狀況、需求和偏好，並根據這些資訊為顧客提供量身定制的建議，而不是僅僅推銷自己手上的房產。

這樣的方式能夠讓顧客感受到真正的關心，而非單純的銷售意圖。當顧客覺得業務員在為他們著想時，他們會對業務員產生信任，並且更願意進行合作。正是這種友好的態度，讓業務員能夠與顧客建立長期穩定的關係。

雙贏的合作關係

業務員和顧客之間的關係應該是一種合作關係，而不是對立關係。當業務員將顧客當作朋友時，雙方的合作會更加順利，並且更容易達成共識。而當業務員僅僅把顧客當作「上帝」來服務時，這樣的關係往往過於單方面，缺乏真正的溝通與理解。

在合作過程中，業務員應該關注顧客的需求，並且始終保持誠意與透明。這樣不僅能夠提高顧客的滿意度，還能夠促進業務的長期穩定發展。

以友誼為基礎的銷售方式

今天，顧客更願意把業務員當作朋友，這樣的關係更能激發顧客的信任和合作。業務員在銷售過程中，應該以真誠和關心為基礎，了解顧客的需求，並提供符合其需求的解決方案。這樣的銷售方式，不僅能夠促成交易，更能夠建立起長期穩定的合作關係，實現雙贏。

專業是銷售成功的基石

銷售是一項明確目標導向的活動，目的就是讓產品成功地賣出去。然而，如果產品在銷售人員的苦心推銷下仍然無法成交，那麼這次的銷售活動就算是一個失敗的行銷。要想成功銷售，業務員不僅要有銷售技巧，還需要讓顧客對自己的產品產生信任。如何做到這一點呢？其中一個關鍵因素就是專業性。

專業術語能建立信任感

每一行業都有其專業術語，每一種產品也都有其專屬的術語。在銷售過程中，使用專業術語可以讓顧客感覺到你對產品的了解與熟悉，從而增強他們的信任感。舉例來說，如果你是銷售電腦的業務員，當顧客問到關於產品的細節時，若你能清楚解釋 CPU 的運作原理或記憶體的性能，這不僅能展示你的專業素養，也能讓顧客更有信心購買你的產品。

然而，問題來了，專業術語並非在所有情況下都適用。在一些銷售情境中，過度使用術語反而會適得其反。

專業術語的適用性問題

有一名電信公司的業務員在向客戶介紹產品時使用了「網內通話」和「網外通話」這些術語。顧客聽了之後，感到非常困惑，認為自己家的電話要分為「網內」和「網外」，這使得顧客誤以為這些術語是跟電話是否能打到魚市場有關，結果顧客不但感到困惑，還非常生氣地掛斷了電話。顯然，這些術語對於普通顧客而言並不易理解，過多的專業術語不但無助於銷售，反而可能導致顧客的不信任。

另外，一名汽車業務員向顧客介紹車輛時使用了「美規車」這個術語，顧客並未理解「美規車」的含義，這樣的專業術語使得顧客難以了解產品的真正特性，反而造成了溝通障礙。

理解顧客的需求，避免過度使用術語

業務員應該根據顧客的背景和知識儲備來選擇合適的溝通方式。在專業術語的使用上，應該根據顧客的理解能力進行調整。若顧客並不熟悉某些術語，業務員可以適當地舉例或打比方，使用更簡單的語言來解釋產品特性，讓顧客能夠快速理解。

例如，在向顧客介紹一款高級智慧型手機時，業務員可以用「這款手機擁有最新的處理器，讓手機運行速度非常快」

來取代一些專業的技術術語，這樣顧客能夠更直觀地理解產品的性能優勢。

適可而止，確保顧客理解

總之，專業術語在銷售過程中有其必要性，但過度使用會讓顧客感到困惑。業務員應該根據顧客的需求和理解能力來選擇合適的語言，讓顧客在理解產品的基礎上，做出購買決策。最終，成功的銷售並不僅僅取決於專業術語的使用，更重要的是如何以顧客能夠理解的方式，有效地傳達產品的價值和優勢。

形象決定銷售成敗

銷售人員的著裝為何如此重要？

對業務員來說，推銷的不只是產品，更重要的是先推銷自己。

客戶對業務員的第一印象，大多來自於著裝打扮。適合的著裝能夠：

- 提升業務員的專業度與可信任感
- 降低客戶對陌生人的戒心與防備心理
- 加速彼此關係的建立，節省溝通成本

因此，推銷自己，從著裝開始。

不當著裝帶來的負面效果

不合適的著裝可能造成以下後果：

- 客戶印象不佳：業務員穿著與場合不搭，容易讓客戶質疑其專業性。

- 破壞公司形象：業務員代表著公司的形象，個人形象受損即等於公司形象受損。
- 阻礙業績成長：新客戶難以信任外表隨便或過於奇特的業務員，開發客戶困難。

成功銷售人員的著裝要點

符合職業形象：

- 著裝應符合職業與場合的基本規範，展現專業形象。
- 即使不是西裝革履，也應整潔、合宜，避免過於前衛或過於隨意的穿搭。

與客戶場合相符：

- 商務正式場合：西裝襯衫、西裝裙套裝。
- 非正式或工地場合：簡單整潔的休閒裝、工作服或襯衫搭配長褲。

避免「過度」或「過少」：

- 穿著過於誇張（如過於前衛或性感）會讓客戶分心，影響專業形象。
- 著裝過度隨便（如牛仔褲或過於輕便衣服）則會降低信任感。

保持一致與穩定性：

- 著裝整齊且穩定，能給客戶安全感，增強對公司產品與服務的信任。
- 長期維持良好的個人形象，有助於建立個人品牌與口碑。

建材業務員小陳的穿搭智慧

小陳是某家建材公司的業務員。他原先拜訪客戶時總穿西裝打領帶，但效果並不好，因為客戶經常是穿著工作服的工地管理員，他的西裝穿著與客戶格格不入。

後來他調整策略：

- 拜訪設計公司時，依舊西裝襯衫，搭配領帶。
- 拜訪工地管理員時則改為穿著公司統一的工作夾克、牛仔褲以及一雙耐用的安全鞋。

這種調整後的著裝，迅速拉近了與客戶的距離，業績很快有了提升，客戶更喜歡與他交流，認為小陳更懂他們的需求，願意信任並購買他推薦的產品。

銷售穿搭的黃金法則

業務員在選擇穿著時不僅要考慮自身的形象，更應該根據客戶的預期來選擇合適的服裝。銷售專家提出的「客戶＋1」法則即是建議業務員在穿著上比客戶稍微正式一些，這樣既能表現對客戶的尊重，又不會讓雙方的距離感過大，從而促進交流與協商。

這樣的穿著方式適用於大部分情況，特別是在與建材行業的設計師和工頭會面時。設計師可能期望看到業務員穿著西裝打領帶，顯示專業，但對於工頭來說，過於正式的著裝反而會讓他們感到不適。在這種情況下，業務員應該根據客戶的著裝風格做出相應的調整，確保雙方在交流過程中保持輕鬆愉快的氛圍。

情感連結的關鍵性

與客戶建立情感連結，首先需要了解客戶的需求與偏好。這與建立私人關係的過程類似，特別是對於建立客戶忠誠度而言，關心他們的重要節日和個人生活是至關重要的。這樣的行為展現了對客戶的真誠關懷。像對待戀愛關係一樣，記住客戶的生日或其他重大日子，不僅能傳達尊重，還能在商業合作中創造情感共鳴。例如，在客戶的生日發送祝福簡訊或贈送小禮物，會讓客戶感覺到你對他們的重視，並且增強對你的好感。

細節決定銷售的成功

在銷售中，很多成功並不僅僅取決於產品本身的品質或價格，更取決於銷售人員如何與客戶建立關係，並透過情感上的投入來促成交易。對於新客戶來說，收集客戶的基本資訊，比如電話、生日等，能夠幫助銷售人員在合適的時機進行情感關懷，進而提高銷售成功率。這不僅表達了對客戶的尊重，也為業務員與客戶建立信任和長期合作關係奠定基礎。

資訊收集與客戶關懷

同樣地，對於陌生的潛在客戶，業務員需要善於收集相關資訊，並在適當的時機將其運用到推銷過程中。這就像追求戀人一樣，了解對方的興趣、愛好，能夠幫助業務員在銷售過程中進一步吸引對方的注意力。

真誠是建立信任的基石

銷售成功的關鍵在於業務員是否能夠真誠地與客戶溝通，並且能夠打動客戶的內心。在與客戶交流時，不僅要解釋自己產品的優勢，還要抓住客戶關心的話題，進行情感上的交流。這樣的溝通方式，能夠幫助業務員建立起長期的客戶關係，也能讓客戶更容易認同產品的價值，進而促成交易的成功。

情感投入的影響

建立情感連結與客戶之間的認同感，對於維持長期的商業關係是至關重要的。無論是在生日等節日中發送問候或禮物，還是在交流過程中主動表現出對客戶需求的關心，這些細節都能夠加強與客戶的情感連繫，使客戶對銷售人員產生更深的信任感，從而提高成交的可能性。

第十章
高效談判與銷售心理學：掌握關鍵策略，輕鬆達成交易

銷售到達關鍵時刻，往往不是在介紹產品的那一刻，而是在談判賽局的每一次眼神與沉默。懂得談判心理學的銷售者，才能真正掌握主動權，讓交易在雙方都願意的節奏中水到渠成。本章將帶你進入高效談判的策略領域，結合銷售實戰中的心理判斷，幫助你做對每一個決策。

從「放長線、釣大魚」的市場策略思維，到「以情動人」的談判情感操作，再到「掌控地點、設計話術」等細節布局，每一項技巧都關係著成敗。你將學會如何應對客戶的不合理要求、如何在談判中設下讓步陷阱，又如何用「雙贏策略」穩住長期關係。同時，本章也提醒你：即使談判失敗，也不是結局，只要懂得翻盤的節奏與留白的智慧。

銷售從來不是單方面說服，而是一場雙方心智與利益的對話。真正的高手，不是談得讓人心服，而是談得讓人願意。這一章，讓你提升談判實力，為每一次銷售打造最漂亮的收尾。

放長線，釣大魚：
銷售與市場洞察的智慧

在銷售過程中，有時候要謹記一個重要的策略——「放長線，釣大魚」。這不僅是一種銷售技巧，也是一種洞察市場與客戶需求的深刻智慧。

鄒忌諷齊王納諫

戰國時期，鄒忌是齊國著名的大臣，有一天早晨，他站在鏡子前整理儀容，問妻子：「我和城北徐公，誰比較俊美？」妻子回答：「您當然比徐公俊美多了！」徐公以俊美著稱，鄒忌有些不信，便又問妾和客人，大家也都說鄒忌比徐公俊美。

第二天，鄒忌遇到徐公本人，一見之下，才發覺自己其實遠不如徐公俊美。鄒忌便反省道：

- 妻子讚美我是因為她偏愛我。
- 妾讚美我是因為害怕我。
- 客人讚美我是因為有求於我。

鄒忌深刻體悟到，「人們讚美往往帶有私心或恐懼。」他將這番經驗，巧妙運用在諫言齊威王之時：

鄒忌入宮謁見齊威王，沒有直接指出齊王的缺失，而是先真誠地讚美齊王的明智與胸懷，然後緩緩地說出自己的經歷，委婉指出齊威王身邊也可能有許多因私心、恐懼或別有用心而討好讚美他的人，使齊王可能無法獲得真實的意見。

齊威王聽後深受啟發，立刻廣開言路，下令臣民可以隨時向他進諫，結果齊國上下進諫不斷，國政迅速改善，最終使齊國國力大增，強盛一時。

案例啟示：

- 讚美先行：透過真誠的讚美建立信任關係，再進行勸說，更易被對方接受。
- 委婉溝通：避免直接批評，以自身的經歷作為引導，讓對方自行領悟問題所在。
- 真誠與智慧：真正的讚美必須出於真誠，且具有智慧，才能有效達成溝通目的。

這個古代案例充分說明，巧妙運用真誠的讚美與智慧的表達，即使是國君也能聽取建言，改善問題，創造雙贏局面。

放長線，釣大魚的策略

懂得釣魚的人都知道，當大魚上鉤時，不應該急於拉竿，這樣可能會導致大魚脫逃。相同的道理，銷售人員在面對大客戶時，應該要有耐心。長期的關係經營和策略性的讓步往往能夠獲得更大的回報。在銷售談判中，尤其需要這種「欲擒故縱」的策略。

菸商的歐洲市場進軍：放長線釣大魚

這一策略在商業中得到了很好的應用。一家菸商成功打入歐洲市場，透過免費送菸給名人，利用名人效應為自己做了廣告。名人上癮後，菸商停止了供應，這樣人們就不得不自己掏錢購買，這樣不僅回收了成本，還獲得了巨大的市場占有率。菸商的成功正是建立在「放長線釣大魚」的策略上，他們透過先獲得名人的支持，再慢慢擴大市場占有率，最終使自己成為世界知名品牌。

談判中的「縱」：適當的讓步與耐心

在談判中，運用「放長線釣大魚」的策略需要充分的耐心與準確的判斷。當兩方進行談判時，往往需要兩人合作：一人扮演主導角色，另一人則進行軟化與討價還價。這樣的合作方式類似於「黑臉」和「白臉」的策略，即一方強硬，另一方則以柔和的方式促成談判的成功。這不僅能幫助建立對方的信任，還能夠避免一開始的強硬態度造成客戶的排斥。

即使是單獨談判的銷售人員，也可以運用「放長線」的策略。初期進行一些讓步，讓客戶放鬆警惕，隨後再逐步增加條件，讓客戶感覺到在交易過程中得到了更多的利益。這樣，隨著時間的推進，客戶便能感受到這份「關係的建立」，從而更容易達成交易。

成功需要耐心與策略

「放長線，釣大魚」這一策略告訴我們，成功並非一蹴而就。作為銷售人員，我們需要具備長期眼光和耐心。只有在不斷累積與等待中，最終才能達到預期的目標。成功的關鍵在於用智慧和策略去建立長期的關係，並且能夠在恰當的時機收獲成果。

以情動人：銷售與談判中的情感智慧

情感在銷售和談判過程中扮演著至關重要的角色。正如戴爾．卡內基所言：「與人打交道時，要記得和您打交道的不是邏輯的生物，而是情感的生物。」這句話強調了情感在建立人際關係中的核心作用。在銷售過程中，善用情感溝通能夠大大提高成功的機會。

情感與談判的關聯

無論是在商業談判還是日常交流中，情感因素都對決策和反應產生了至關重要的影響。在與客戶或合作夥伴的溝通中，如何察覺對方的情感變化，並靈活運用情感溝通，將直接影響談判的結果。情感是談判過程中的晴雨表，對談判的順利進行至關重要。

例如，某保險公司經理與一名行銷人員進行溝通時，對方明顯感到牴觸，經理透過察覺對方的情緒，立即轉換話題，並以平和的態度表達自己是來聽取建議的。這樣的情感敏銳度成功消除了對方的戒心，最終談判達到了預期效果。

情感變化與談判策略

在談判中，觀察並理解對方的情感變化是制定有效策略的關鍵。例如，一位經理與合作夥伴洽談時，察覺到對方因價格問題而情緒波動。這時，他巧妙地改變話題，透過先放鬆對方情緒，然後再返回價格問題，最終達成了交易。這種策略顯示出情感調節的重要性，並證明了在緊張的談判中，適時的情感疏導能夠幫助取得更多合作成果。

情感細節的重要性

談判中，情感表達不僅依賴於語言，還與非語言的表達密切相關。透過觀察對方的語調、語氣、語言背後的情緒，銷售人員可以迅速了解對方的需求和情緒狀態。這時，能夠有效運用情感和共情的銷售人員，能更好地調整自己的溝通方式，達到與客戶的情感共鳴，從而促成交易。

情感溝通的案例分析

在一個具體的商業談判中，某位經銷商因拖欠款項而被討債。討債的過程中，專人未直接要求討款，而是先以關心的態度，探望經銷商並聊起其他話題，慢慢消除了對方的戒備心理。最終，經銷商主動提出償還款項，這種情感上的智慧與細心，是促成雙方成功協議的關鍵。

類似的案例在銷售領域屢見不鮮。日本豐田的業務員，在全球石油價格暴漲導致汽車銷量減少的情況下，巧妙地從顧客的角度切入，並用幽默的語言描述自己騎自行車的經歷，讓顧客更易於認同他所提出的購車建議。這位業務員成功地透過情感溝通改變了顧客的購車觀點，並促成了銷售。

以情動人，關心他人的需求

在談判過程中，能夠真正關心對方的需求並站在對方立場思考問題的銷售人員，通常會贏得對方的信任。正如迪巴諾公司老闆對飯店經理的推銷方式，他並沒有直接推銷產品，而是關注對方在業務上的需求，這使得對方願意開放商業合作的門檻。這種關心對方需求的情感溝通策略，成功地打開了合作的大門。

情感溝通是成功的關鍵

銷售過程中，情感是至關重要的元素。透過察言觀色、靈活運用情感溝通策略，業務員可以建立與顧客的信任關係，消除顧客的戒備，並在談判中獲得更多的合作機會。情感溝通不是簡單的話語技巧，而是一種真誠關心他人需求的表現。只有做到從顧客的立場出發，尊重他們的情感需求，才能達到談判的成功。

談判藝術：
如何巧妙拒絕客戶的過高要求

在談判過程中，當客戶提出過高或不合理的要求時，學會如何拒絕成為一項至關重要的技能。直接的拒絕往往會導致局面僵化，甚至破壞雙方的合作關係。因此，掌握藝術性的拒絕方法，不僅能有效維護自身的立場，還能保持良好的客戶關係。以下介紹了幾種有效的拒絕技巧，幫助業務員在談判中遊刃有餘。

透過共識建立連繫

當客戶提出挑戰性意見時，首先可以從對方的觀點中找出共通點並予以肯定，這樣能讓客戶感到被理解與尊重。接著，可以平和地引導客戶注意力到更符合自身立場的部分，進行有效的反駁和說明。例如，當客戶質疑產品知名度時，業務員可以先認同其觀點，再轉向強調產品的品質和市場表現，從而緩解客戶的顧慮並逐步進入下一階段的討論。

輕鬆化解僵局

幽默在談判中能夠起到化解僵局、舒緩氣氛的作用，尤其在遇到敏感問題時，適當的幽默不僅能減少緊張感，還能讓對方放鬆心情。例如，當一款產品遭遇品質質疑時，業務員可利用幽默的故事或比喻，輕鬆轉移焦點並說明產品的價值。這樣的方式讓客戶感到業務員並非在推銷，而是在與他們建立良好的關係。

柔性補償以維護關係

當無法完全滿足客戶需求時，可以透過提供其他補償來讓客戶覺得自己的需求依然得到重視。例如，當無法降低價格時，可以提供額外的服務或附加產品，如延長保修期或附贈配件，從而讓客戶感覺到自己得到了一些實質性利益，減少拒絕帶來的不快。

用委婉語言引導拒絕

有時候，直接拒絕會使對方產生不快，這時可以採取更委婉的方式來表達。透過暗示性語言和社會限制的引用，來間接拒絕對方的要求，這樣可以避免與客戶直接對立，也能讓客戶理解這些要求超出了現實範圍。例如，業務員可以表示：「這個要求超出了我們目前的成本預算」或者「由於相關法律規定，我們無法進行調整」，從而引導客戶接受現實情況。

拒絕背後的策略與技巧

在銷售和談判中，拒絕是一種策略，而非結束。學會用藝術的方式拒絕客戶，不僅能保護雙方的關係，還能進一步促進合作。透過巧妙運用「共識建立」、「幽默化解僵局」、「柔性補償」和「委婉語言引導」，業務員能夠有效地拒絕客戶的過高要求，同時維持良好的合作氛圍。這些技巧不僅能提高談判成功率，也能為未來的合作打下扎實基礎。

掌握主動權：
談判地點對商業談判成敗的影響

在商業談判中，選擇談判地點是一項重要的策略。許多情況下，選擇在自己的領地進行談判能夠提供巨大的優勢，尤其當客戶對你缺乏信任或你希望展示自己公司的實力時，主動邀請客戶來公司洽談，無疑是一個有利的選擇。擁有自己的談判場地不僅能讓你掌握更多的主動權，還能塑造強大的企業形象。

在自己地盤上談判：優勢與技巧

當你邀請客戶來自己的公司時，這樣的安排能讓你在心理上占據主導地位。客戶來到你的公司，不僅能直接了解你的工作環境、員工素養及業務流程，還能在不知不覺中感受到你的實力。這樣，你便能進一步強化在談判中的優勢，讓客戶感受到你的專業與可信賴。

然而，無論談判進展如何，都應該保持良好的形象和態度。在與客戶的互動中，尤其是吃飯時間，即使談判還沒有達成共識，也應該請客戶一同用餐。若客戶選擇不吃，也應真誠挽留，並表達感謝。這樣的小細節有助於提升雙方的互動情感，為接下來的合作奠定良好的基礎。

到客戶公司談判：細節決定成敗

當你選擇去客戶公司進行談判時，應該仔細觀察客戶的內部運作與氛圍。了解客戶的公司架構、管理模式以及決策過程至關重要。從與客戶的談話方式到決策的方式，所有細節都能為你提供有效的資訊，幫助你在談判中做出更有利的決策。你的眼睛應該像一架攝影機，記錄下客戶一切的反應與行為，這些看似微小的細節可能會成為你成功的關鍵。

餐廳談判：促進關係的橋梁

餐廳是商業談判中的理想場所，特別是當你需要與客戶建立更緊密的關係時。餐桌上的互動能夠打破冰層，緩解談判中的緊張氛圍。請客戶一同用餐時，你應該適當地保持謙遜，無論點菜還是與客戶互動，都要表現出對他們的尊重。例如，當客戶邀請你吃飯時，注意觀察他們的表情與意圖，不要過於強調金額，而是要在細節中展現你的風度和禮貌。

同時，餐廳的選擇也能影響談判的氛圍。如果你選擇的是高級餐廳，最好事先了解餐廳的環境與設施，避免因為不熟悉而顯得失禮。與此同時，選擇較為安靜的咖啡廳或茶館，也是良好的選擇。這些場所通常提供更為舒適的環境，有助於建立友好的溝通氛圍，為談判的成功奠定基礎。

創造希望：談判的終極策略

無論選擇何種場所進行談判，最重要的一點是始終給予客戶希望。在與客戶的溝通中，你應該展示出積極的態度和未來合作的可能性。透過細心聆聽和適時的回應，你能有效地引導客戶，讓他們感受到未來合作的價值。只要抓住客戶的心理需求，無論在哪裡談判，他們都會圍繞你轉動，最終達成共識。

談判地點的重要性

選擇合適的談判地點能夠為你的談判帶來決定性的優勢。無論是邀請客戶來你的公司，還是去客戶公司進行談判，細心觀察和有效利用場地的優勢，都是促成成功談判的重要策略。餐廳或咖啡廳的選擇，同樣能夠幫助你建立良好的氛圍，並促進雙方的合作。因此，作為業務員，掌握談判地點的選擇和運用，將大大提高你的談判成功率。

審慎布局，步步為營：成功談判的關鍵策略

在談判過程中，保持謹慎的態度與策略部署至關重要。優秀的談判者並不盲目進取，而是以懷疑的眼光對待每一個情況，並小心謹慎地進行分析與決策。只有這樣，才能有效掌控談判節奏，避免被對方牽著走。

謹慎的四大原則

一個精明的談判者應當牢記以下四個原則，以確保對談判過程的合理掌控：

（一）永遠不要將任何事情視為理所當然。在談判中，無論是對方提出的條件還是自己的立場，都應該保持懷疑的態度。不要輕易接受表面上的事實，而是要深入調查與分析。

（二）每一件事情都要經過調查。確保所有的數據和資訊都是可靠的，並在進行任何決策前，先進行充分的背景調查。這樣可以防止因為缺乏資訊而做出錯誤判斷。

（三）讓每件事情看起來都很合理；若不合理，保持懷疑。當某些事情聽起來不合情理或有疑慮時，要保持警覺，

並尋求更多的證據或解釋。在談判中，這種懷疑能幫助辨識對方可能的陷阱或隱瞞。

(四)在事實和對事實的解釋之間劃清界線。要明確區分事實與解釋，不要被對方的言辭所迷惑。在談判過程中，正確的資訊比模糊的解釋更具價值。

策略的部署與運用

僅僅擁有策略本身並不夠，策略的成功關鍵在於其部署的有效性。如果策略的部署出現問題，即使是最優秀的策略也無法達成預期的效果。因此，在每一次談判前，必須慎重考慮策略的設計與執行步驟。

- 策略部署的重要性：了解策略的目標以及策略執行的具體過程，這比策略本身更加重要。即便是最好的策略，若部署不當，結果也可能適得其反。策略的成功依賴於精確的計畫與執行。
- 策略的靈活性：在談判過程中，策略的適應性尤為關鍵。某些策略在一開始可能十分有效，但隨著情勢的變化，它們可能就不再適用。因此，談判人員必須不斷評估當前策略的有效性，並根據需要進行調整。

靈活運用策略

聰明的談判者會不斷評估策略是否仍然適用，並根據當下的情況靈活調整。以下是幾個值得反思的問題：

- 是否可以運用新的策略來達成更好的結果？不要局限於某一種策略，要根據具體情況選擇最有效的方式。
- 是否應該在此刻改變策略？了解何時轉換策略是非常重要的。選擇最佳時機來改變策略能幫助你在談判中占據上風。
- 應對不道德策略的處理方式：若對方使用不道德的策略，應該如何反應？是選擇反擊還是適當妥協？這些問題需要在談判中提前預判。
- 策略被識破後的應對：若自己的策略被對方識破，該如何減少損失並維持自身的議價權？這需要靈活的應對策略和強大的心理素養。

選擇正確的策略：道德與判斷

策略的選擇往往與道德問題密切相關。在商業談判中，無論最終達成了什麼結果，使用的手段能否符合道德標準都應該被嚴格審視。選擇策略時，不僅要考慮其短期效果，還要評估其長期影響，避免對自己的形象造成損害。

靈活策略的重要性

在談判中，策略的選擇與部署至關重要。聰明的談判者不僅擁有多種策略方案，還懂得如何靈活運用，根據實際情況調整策略。正如每一次成功的談判都離不開周密的策略部署，靈活的應變能力和對策略選擇的深思熟慮將決定最終的勝負。

巧妙運用談判策略，逼迫對方讓步

談判不僅僅是簡單的價格討價還價，更是一場心機與智慧的對決。無論是大企業還是小公司，談判高手總是能夠迅速掌握談判的節奏，透過精心策劃的策略獲得最大的利益。在以下這場與日本商人展開的談判中，買方充分運用了步步遞進的策略，最終以有限的資源達成了成功的交易。

報價策略：打開談判的第一步

在談判伊始，報價往往是非常關鍵的一步。日方的報價遠高於實際價格，這樣的報價策略具有很強的試探性，旨在測試買方的底線。這種策略雖然有風險，但也給日方留下了談判的空間。

買方並未對日方的高報價做出立即反應，而是採取了堅定的立場，直接指出報價不符合國際行情。這不僅表明買方掌握了市場資訊，還讓日方感受到了買方的實力和堅定的立場。

迂迴與質疑：從正面和側面逼近

當日方試圖以產品的優勢來支撐高報價時，買方並未被牽引，而是從產品的背景、競爭對手等方面進行質疑，進一步挑戰對方的報價合理性。這樣的做法將談判焦點轉移至對方的弱點，使其陷入了尷尬的境地。

在這一階段，買方不僅展示了自己對市場的了解，還強化了對方需要改變報價的必要性，這樣的策略給日方施加了極大的壓力。

策略的改變與心理賽局：尋找談判突破點

經過一輪深入的分析，買方識破了日方的空城計，並根據情勢變化調整策略。在第二輪談判中，買方巧妙地引導日方進一步讓步，並展示了自身的誠意和優勢，成功打開了談判的局面。

買方並未立刻接受日方的報價，而是給予了一個回應的時間，並在此期間再次確認國際市場價格，確保自己的底線不會被輕易突破。這一舉動顯示了買方對價格的敏感度，以及對談判局勢的掌控。

心理戰術：利用對方的弱點進行逼迫

最終，買方利用心理學知識再次逼迫日方讓步。透過稱讚對方的努力，並暗示若不成交，將轉向其他國家的供應商，成功製造了「時不再來」的感覺，迫使日方做出最終決定。這樣的策略不僅巧妙地展示了買方的實力，還讓對方無法再固守原有的價格。

步步遞進策略的力量

這次談判的成功並非偶然，買方在整個過程中運用了步步遞進的策略，巧妙地抓住了日方的心理弱點，逐步逼迫對方讓步。每一步策略的運用，都充分展現了談判中如何利用對方的情緒、報價及心理來達成目標。對於談判者來說，成功不僅來自於強大的實力，更來自於對談判技巧的靈活運用。

以迂迴策略突破談判僵局

談判中的成功不僅僅來自於硬碰硬的直接對抗，更多時候需要靈活運用策略來達到雙方都滿意的結果。當直接對抗無法達成目的時，運用迂迴戰術能夠巧妙化解僵局，讓談判向有利方向發展。

「雙贏為上」策略：合作而非對抗

「雙贏為上」策略也稱為共進策略，主張談判雙方不應視談判為戰爭，而應該看作是合作的過程。在這樣的過程中，雙方應關注的是不僅僅是當前利益，還要關注中長期的關係發展。在談判遇到困難時，雙方可以透過折中、迂迴、通融和互諒等方式解決問題。

這一策略強調在談判過程中尋找共同點，避免讓雙方的關係陷入對立和對抗。當一方發現難以正面與對方對抗時，可以選擇迂迴進攻，透過巧妙的方式進行讓步，從而避免僵局，促進談判繼續向前推進。

迂迴戰術：換種方式表達要求

迂迴策略是一種將條件換個方式表達的方法，旨在讓對方覺得自己已經做出了讓步，但實際上自己並未真正改變初衷。這樣的策略能夠讓對方產生錯覺，覺得自己得到了一些好處，從而讓談判繼續順利進行。

例如，在沙烏地阿拉伯與日本的商業談判中，日方一開始報價為 2 萬美元，而沙方要求降低價格。日方並未直接降低價格，而是提出修改設備配置的建議，讓沙方感覺到自己得到了讓步。最終，沙方接受了這一方案，並在後續的市場營運中發現，這一改變導致了無法順利銷售的情況，因此不得不再次要求日方為其安裝設備，並支付額外費用。

這樣的策略並非直接降價，而是透過改變產品條件讓對方產生錯覺，從而使談判達成日方的預期目標。日方巧妙地將讓步的表象創造出來，卻並未實際改變價格，最終仍能獲得原定的收益。

避開正面衝突，採取迂迴側擊

談判中，直接的對抗往往會激化衝突，造成雙方的僵局，甚至會使談判陷入無法轉圜的困境。此時，談判者可以選擇迂迴側擊的方式，避免直接的對抗。這就像在搏擊運動中避免直接攻擊對方，從而減少對方的反抗力，進而達成自己的目標。

對於一個談判高手來說，成功的關鍵並非強硬的推銷自己的立場，而是根據對方的情況靈活調整策略，讓對方在不知不覺中接受你的要求。

引導對方達成共識

突破談判的僵局不僅僅是強硬地提出自己的要求，更應該引導對方自己領悟問題的真諦。透過營造良好的談判氛圍，讓對方在輕鬆的環境中理解問題，進而自發地達成共識。這樣的策略不僅可以減少衝突，還能促進雙方達成雙贏的協議。

例如，在某些談判中，當對方無法接受價格或條件時，談判者可以選擇不直接要求改變，而是提供一個有利的環境，讓對方自發地提出更合適的條件。這樣不僅避免了直接的對抗，還能讓對方感受到自己在談判中有發言權和主導權，進而達成一個雙方都滿意的結果。

靈活運用策略，達成最佳結果

談判的核心並不是堅持自己的條件，而是運用靈活的策略來達成雙方的合作。在面對困難時，選擇迂迴策略，並巧妙地改變條件的表達方式，能夠讓對方感覺自己得到了讓步，從而實現雙贏的局面。透過改變策略，逐步引導對方達成共識，最終達成最佳的談判結果。

失敗的談判並不代表終結，仍有翻盤機會

在激烈的談判過程中，無論結果如何，都不代表一切結束。即使談判未能達成預期的協議，仍有機會修復關係，重新開始，並為未來的合作鋪路。學會如何處理失敗的談判，尤其是如何做到「解劍息仇」，是每位談判者應具備的技能。

向對手低頭：展現誠意與胸懷

當談判失敗的原因來自於自己的失誤時，敢於向對方低頭並表達歉意是一個非常重要的步驟。這不僅是對對方的尊重，更能展現你的誠意與胸懷。在真理面前，每個人都平等，承認自己的錯誤並表達學到的教訓，能夠讓對方看到你的成長與誠懇，並且為未來的合作鋪平道路。

向對手低頭並不會降低你的價值，反而能讓對方對你產生更深的尊重和信任，從而為日後的合作創造機會。這樣的誠實和謙遜，往往能夠為你贏得更多的支持。

對方失誤時：為對方鋪路，化解對立

如果談判的失敗源於對方的錯誤，且你能察覺到對方對此感到懊悔，這時候應該要主動緩解局勢。此時，應該有「大度」的心態，不要再固執於當下的對立局面，而是採取積極主動的態度結束討論，並給對方留一個體面下臺的空間。

這樣的舉動不僅能保持彼此的面子，還能化解敵對情緒，讓雙方的關係在不失尊嚴的情況下保持良好。此時，雙方的心態應該向「重歸於好」邁進，為未來的合作創造機會。

放下利害關係，重建友誼

有時候，當談判無法達成協議時，將談判放下，換個輕鬆的方式進行溝通也是一種有效的策略。你可以與對方一起進行一場輕鬆的活動，比如打保齡球、打高爾夫，或者單純的聚餐。這樣的活動有助於消除雙方的緊張情緒，讓彼此的心態變得更加開放。

這樣的放鬆時刻，不僅有助於重新建立信任，也能讓雙方有時間反思談判過程，進而思考彼此的立場與利益，為後續的協商鋪平道路。

電子書購買

爽讀 APP

國家圖書館出版品預行編目資料

消費者微反應，洞察性格掌握成交契機：7 大市場定律 ×8 種決策效應 ×9 條誘導法則，將心理學用於商場實戰，人人都有合適的應對方案 / 林奕辰 著 . -- 第一版 . -- 臺北市：山頂視角文化事業有限公司 , 2025.04

面； 公分

POD 版

ISBN 978-626-7709-03-0(平裝)

1.CST: 銷售 2.CST: 行銷心理學 3.CST: 顧客關係管理

496.5 114004319

消費者微反應，洞察性格掌握成交契機：7 大市場定律 ×8 種決策效應 ×9 條誘導法則，將心理學用於商場實戰，人人都有合適的應對方案

臉書

作　　者：林奕辰

發 行 人：黃振庭

出 版 者：山頂視角文化事業有限公司

發 行 者：山頂視角文化事業有限公司

E-mail：sonbookservice@gmail.com

粉 絲 頁：https://www.facebook.com/sonbookss/

網　　址：https://sonbook.net/

地　　址：台北市中正區重慶南路一段 61 號 8 樓

8F., No.61, Sec. 1, Chongqing S. Rd., Zhongzheng Dist., Taipei City 100, Taiwan

電　　話：(02) 2370-3310　傳真：(02) 2388-1990

印　　刷：京峯數位服務有限公司

律師顧問：廣華律師事務所 張珮琦律師

定　　價：420 元

發行日期：2025 年 04 月第一版

◎本書以 POD 印製

Design Assets from Freepik.com